LA MÉDECINE EN ANNAM

PAR

A. MANGIN

Docteur en médecine de la Faculté de Paris,
Ex-médecin de la Résidence générale du Tonkin,
Chevalier de la Légion d'honneur.

PARIS

IMPRIMERIE DE LA FACULTÉ DE MÉDECINE

A. DAVY, Successeur de A. Parent

52, RUE MADAME ET RUE CORNEILLE, 3

1887

LA
MÉDECINE EN ANNAM

PAR

A. MANGIN

Docteur en médecine de la Faculté de Paris,
Ex-médecin de la Résidence générale du Tonkin,
Chevalier de la Légion d'honneur.

PARIS

IMPRIMERIE DE LA FACULTÉ DE MÉDECINE

A. DAVY, Successeur de A. Parent

52, RUE MADAME ET RUE CORNEILLE, 3

—

1887

A LA MÉMOIRE

DE MON PÈRE ET DE MA MÈRE

INTRODUCTION

Pendant un séjour de plusieurs années en Indo-Chine, nous nous sommes trouvé fréquemment en contact avec des médecins annamites ; principalement à Hué où, pendant deux ans, nos fonctions de médecin de la Résidence générale et de la cour d'Annam nous ont mis en relations continuelles avec les principaux médecins de ce pays ; malgré les périodes agitées que nous avons traversées, nous avons eu ainsi occasion de causer souvent avec eux et de nous renseigner sur leurs idées médicales, leurs superstitions et leurs procédés d'examen et de traitement des malades. Ce sont ces quelques notes que nous avons cru intéressant de réunir ici. Nous avons pu y ajouter nombre de détails sur les superstitions populaires et coutumes relatives à la médecine, grâce à l'amabilité d'un savant missionnaire de Hué, le Père Renauld, fort au courant des mœurs annamites qu'il observe et étudie depuis de longues années. Nous profitons de cette occasion pour le remercier ici bien vivement des nombreux renseignements qu'il a bien voulu nous fournir.

Nous aurions désiré pouvoir donner une appréciation sur la valeur thérapeutique des médications indigènes; mais quand nous avons voulu faire l'essai de ces médications, nous nous sommes heurté à des difficultés qui nous ont forcé à renoncer à cette tentative.

Les malades annamites qui venaient à nous avaient en général épuisé tout l'arsenal thérapeutique de leurs médecins, aussi voulaient-ils absolument être traités à l'européenne et se refusaient-ils à absorber les drogues annamites que nous leur ordonnions, ou, s'ils les acceptaient, ils disparaissaient au bout de deux ou trois jours; d'où impossibilité d'avoir une observation complète. D'un autre côté, la gravité des affections atteignant les Européens ne nous permettait pas de faire sur eux le moindre essai. Nous avons été réduit, pour juger très approximativement de la valeur comparative des médications européenne et annamite, à faire examiner et suivre nos malades par un médecin indigène instruit, qui nous renseignait sur le résultat probable que l'on aurait obtenu dans ces cas avec son traitement. A son avis, (nous disait-il cela par déférence?), la médication européenne a toujours été supérieure. Il était émerveillé surtout des résultats obtenus par le traitement classique dans les dysenteries; plusieurs cas, il est vrai assez graves, guéris en peu de jours, avaient été jugés par lui absolument incurables par le traitement annamite; mais ce qui l'étonnait le plus c'était la rapidité avec laquelle on obtenait la guérison de certaines affections chirurgi-

cales au moyen des antiseptiques. Le champ d'observation était du reste fort restreint, et s'est borné aux
quelques maladies endémiques dans ce pays : fièvres
paludéennes, dysenterie, diarrhée, choléra. On voit
combien ce procédé est peu scientifique, aussi ne
trouvera-t-on pas étonnant que nous ayions passé
sous silence cette partie de notre sujet cependant si
intéressante, et nous laissons à d'autres plus heureux
que nous le soin de l'étudier.

Du reste la plupart de ces drogues ont été essayées
déjà à plusieurs reprises, soit en Europe, soit en Chine,
par des médecins français, russes et anglais ; nous
citerons les travaux des docteurs Tatarinow, E. Martin,
du professeur Honarinow, qui a expérimenté à Saint-
Pétersbourg, de Porter-Smith, Debeaux, Hambury
et de MM. Soubeiran et Dabry de Thiersent. Le résultat a été partout négatif ; tous ont conclu qu'il n'y
avait rien à proposer à la science européenne, rien à
tirer de la pratique des médicastres et empiriques du
Céleste Empire ; conclusions que l'on peut, je crois,
sans crainte, appliquer aux Annamites.

D'un autre côté, beaucoup de ces drogues très usitées
en Chine étaient connues dans la vieille pharmacopée
française et ont été justement délaissées.

La bibliographie concernant le sujet que nous trai-
tons est fort courte ; c'est à peine si l'on trouve quelques
notes du docteur Armand (lettres sur l'expédition de

Cochinchine, *Gazette médicale*, 1863), et du docteur Gimelle (*Union médicale*, 1869), un article de M. Etienne sur la pharmacie annamite (*Archives de médecine navale*, tome xi). On peut y ajouter quelques extraits des contes et légendes en Annam de M. Landes (excursions et reconnaissances de Cochinchine) et le Dictionnaire du Père Loureiro, sur la flore annamite.

LA

MÉDECINE EN ANNAM

———

I

RAPPORTS DE LA MÉDECINE ANNAMITE AVEC LA
MÉDECINE CHINOISE. — LE MÉDECIN EN ANNAM.

Jusqu'ici la médecine annamite a attiré fort peu
l'attention des nombreux médecins qui depuis bientôt
trente années se sont succédé dans nos possessions de
l'Indo-Chine; il est vrai que c'était là une étude ardue
et peu attrayante, difficile à mener à bonne fin et pro-
mettant d'avance peu de compensations sérieuses. En
effet la médecine annamite a toujours été regardée, et
avec raison, comme ayant de grandes analogies avec
la médecine chinoise, qui, elle, est connue depuis
longtemps par des travaux nombreux; le fond de la
doctrine, les classiques sont les mêmes; mais bien des
questions de détail, de traitement surtout, varient.
Beaucoup de pratiques en honneur en Chine, telles que
l'acupuncture, certaines opérations dans les accouche-

ments difficiles, etc., sont fort peu utilisées en Annam.
Si les pratiques médicales sont simplifiées, en revanche les superstitions touchant à la médecine, les bizarreries de la thérapeutique déjà si variées en Chine
augmentent en raison inverse : le *thay phap*, le docteur
és-sciences magiques ou sorcier qui, en Chine, est relativement peu consulté, joue en Annam un grand rôle,
et se rencontre souvent au lit du malade avec le médecin qui lui cède le pas dans nombre de cas ; aussi
aurons-nous à plusieurs reprises occasion d'en parler
et de décrire quelques-unes de ses pratiques comme
ressortissant du domaine médical, puisqu'elles sont
employées comme moyen de traitement dans certaines
maladies.

La médecine annamite est donc à peu de choses près
la médecine chinoise simplifiée par l'ignorance et la
paresse générale des praticiens (l'Annamite est de son
naturel beaucoup moins travailleur que le Chinois);
ceux-ci se contentent en effet d'à peu près et jamais ne
s'astreignent aux longues et patientes études des Chinois.
Le médecin annamite n'écrit pas, c'est à peine si on
trouve quelques rares ouvrages faits par deux ou trois
sommités médicales, tout se borne en général à
quelques notes personnelles, à quelques formules qui se
passent de père en fils.

Il existe cependant un ouvrage annamite classique :
c'est plutôt, il est vrai, un résumé de divers traités chinois
qu'une œuvre originale. Il a déjà été cité en 1862 par
le Dr Armand ; c'est une sorte de compendium.

Dans la préface, on démontre l'utilité de la médecine, et pour le médecin la nécessité d'étudier la nature du corps humain, la disposition de ses organes, l'influence des agents extérieurs sur les maladies.

Le premier livre traite des diverses causes des maladies, de l'influence du froid et du chaud, etc.

Le deuxième, absolument incompréhensible, traite du ciel !

Le troisième parle de la relation qui existe entre les cinq éléments et les êtres humains.

Le quatrième est consacré à l'anatomie du corps humain, anatomie complètement fantaisiste, inutile de le dire.

Le cinquième et le sixième sont consacrés à la thérapeutique, à la nomenclature des drogues, à quelques notions sur leur action physiologique.

Le septième contient les noms des médecins célèbres et la biographie de quelques-uns.

Le huitième est une sorte de résumé des connaissances médicales.

Le neuvième et le dixième sont consacrés à des notions sur la physiologie, sur les phénomènes qui se passent en nous à l'état de santé.

Le onzième traite de l'influence des phénomènes atmosphériques sur la marche des maladies.

Le douzième donne l'explication d'une sorte de planisphère sur laquelle sont portés les signes du zodiaque, les saisons, et en regard le nom de certaines maladies ; les heures, les jours sont aussi indiqués. Pour établir son diagnostic, on pointe les différents signes que l'on a trouvés et on fait passer par ces points une ligne qui vous mène au diagnostic.

La médecine annamite n'a pas d'histoire, ou du moins il nous a été impossible de rien obtenir à ce sujet des médecins que nous avons interrogés ; elle est restée absolument stationnaire, et, c'est là son intérêt, elle nous reporte à quelques siècles en arrière ; dans ces dernières années elle n'a pas suivi le mouvement de progression qui s'est fait sentir sur les sciences médicales en Chine et au Japon. La médecine européenne est absolument inconnue, il n'y a aucune traduction de nos ouvrages. C'est à peine si les missionnaires ont pu faire reconnaître quelques-unes de nos médications dans leur entourage.

En Annam comme partout, le médecin jouit d'une considération très élevée en rapport avec ses connaissances et son mérite. La somme de travail, qu'il est obligé de donner pour arriver à acquérir une instruction même incomplète, le place naturellement parmi les premiers lettrés du pays, et on sait quel respect les peuples d'Extrême-Orient ont pour la classe des lettrés.

L'instruction médicale est assez répandue ; tout lettré instruit a toujours quelques notions de l'art de guérir et est un peu médecin à ses heures.

Le médecin est appelé *maître en médecine, thay thuoc*. La considération accordée au médecin s'explique également par ce fait que l'Annamite est un fervent croyant en la puissance de la thérapeutique, il se drogue ou se fait droguer avec une facilité extrême. Il n'est pas un homme qui ne porte toujours sur lui quelques pilules ou quelque paquet du médicament à la mode. Il y a un an la mode était aux pilules de Hoang nan (Strychnée qui a été vantée en Europe contre la lèpre il y a quelques années) et on a vu des cas sérieux d'empoisonnement par ces précieuses pilules.

Cependant la considération et le respect accordés au médecin n'empêchent pas toujours l'Annamite de douter de la science et de la probité des *thay thuoc* et de railler le sacerdoce.

Dans les veillées, lorsque tout le monde est gai et bien portant, on se raconte volontiers des historiettes sur le compte des gens de l'art; en voici quelques-unes traditionnelles :

« Un jour, le roi des enfers était malade et ne trou-
« vait pas dans son royaume d'habile docteur ; il en-
« voya deux de ses soldats sur la terre avec mission
« de lui ramener le plus habile médecin ; ils le recon-
« naîtraient à ce qu'il serait escorté du plus petit nom-
« bre d'ombres (les ombres poursuivent ceux qui les
« ont fait mourir pour se venger d'eux). Les soldats
« montèrent sur la terre et ramenèrent un médecin
« qui n'avait que deux ombres à ses trousses. Le roi
« des enfers lui demanda comment il se pouvait qu'il
« eût tué si peu de gens. — C'est que je n'exerce que
« depuis hier, lui répondit le médecin. »

« — Il y avait un médecin ignorant qui se faisait payer
« fort cher; un client qu'il avait écorché sans le guérir

« envoya son domestique pour l'insulter (trait de
« mœurs nationales : on va injurier ou on envoie inju-
« rier un ennemi, un créancier récalcitrant); le domes-
« tique revint presque aussitôt ; le maître lui demanda
« pourquoi il n'avait pas obéi à ses ordres. — C'est que
« je n'ai pu approcher de la maison, dit l'autre, tant
« les abords en étaient occupés par des gens venus
« avant moi dans le même but. »

« — Un médecin vendait des drogues pour se faire
« aimer des femmes. Pendant son absence un client
« vint en acheter et n'eut rien de plus pressé que de
« les essayer sur la femme du médecin. Celle-ci se
« laissa aller. A son retour son mari lui reprochait sa
« conduite. — Eh ! dit-elle, sans cela vos drogues
« étaient perdues de réputation » (1).

(1) Landes. Contes et légendes annamites. (In Excursions
et reconnaissances de Cochinchine.)

II·

ENSEIGNEMENT ET EXERCICE DE LA MÉDECINE.

L'exercice et l'enseignement de la médecine sont absolument libres. Devient médecin qui veut et comme il veut. En général le fils succède au père. Il n'y a point d'école comme en Chine, où l'enseignement est officiel dans certaines villes : c'est ainsi qu'à Pékin existe une véritable école, où les candidats subissent des examens publics à la suite desquels on leur donne des brevets et le droit de porter le bouton de cuivre doré ; puis successivement, toujours à la suite d'examens, ils obtiennent le bouton bleu ou blanc. Rien de tout cela en Annam. Celui qui se sent la vocation étudie d'abord les caractères chinois. Quand il en a déchiffré suffisamment, il se met au service d'un médecin en renom. Ici le maître lui explique les ouvrages de médecine, lui enseigne la manière de reconnaître les différentes substances pharmaceutiques, leur action sur l'organisme, la façon de composer une potion compliquée, puis les symptômes des maladies et en dernier lieu la manière de tâter le pouls. Cela dure quatre ou cinq ans, souvent plus, quelquefois moins, suivant que le professeur a plus ou moins besoin de son élève pour faire marcher son train de maison, car l'étudiant devient comme un membre de la famille, ou que certaines circonstances, par exemple un mariage avantageux, favorisent l'établissement du nouveau guérisseur.

Quand le moment de la séparation est arrivé, le professeur donne à son disciple une petite pacotille de remèdes et celui-ci s'établit là où il espère trouver des clients. Rien à régler avec la police, avec la faculté ; s'il tue ou s'il guérit, c'est aux intéressés à prendre leurs mesures, car la loi que nous citerons plus loin est fort rarement appliquée, c'est la liberté de la science dans tout son épanouissement.

— A Huê existe ce que l'on appelle le Y-Vien ; on pourrait, pour l'honorer, lui donner le nom d'Académie de médecine ; mais ce n'est qu'un lieu où les médecins de la cour se réunissent en consultation lorsqu'il s'agit de traiter quelque auguste client. Les membres du Y-Vien sont reconnus par le gouvernement, ont un traitement fixe, se recrutent eux-mêmes en faisant subir un examen aux candidats qui se présentent. Ils ne sont que quatre ; voici leurs titres : premier médecin royal de droite, premier médecin royal de gauche, médecin principal royal, second médecin royal.

Ce sont en général des médecins jouissant d'une réputation assez grande ; ils ont tous de nombreux élèves.

Malgré la liberté apparente de l'exercice de la médecine, l'étudiant est obligé de faire cependant des études assez longues et assez sérieuses, car la loi, quoique rarement appliquée, punit sévèrement le médecin incapable. Voici le texte des articles du code annamite concernant les médecins :

« Lorsqu'un médecin incapable se sera trompé en
« employant des drogues ou des aiguilles (à acupunc-
« ture), qu'il n'aura pas procédé selon les prescriptions
« et les recettes consacrées et qu'il aura ainsi causé
« la mort de quelqu'un en le soignant, il sera ordonné.
« à un autre médecin de vérifier les drogues et les
« potions, ainsi que le trajet et les ouvertures des
« piqûres ; s'il n'y a aucune espèce d'intention de nuire
« volontairement, le coupable sera jugé d'après les dis-
« positions relatives à l'homicide causé par imprudence
« ou par accident (selon la loi on recevra le prix de
« rachat et ce prix sera attribué à la famille de la vic-
« time) ; il lui sera défendu d'exercer la médecine.

« S'il a volontairement agi contre les prescriptions
« et les recettes, ou d'ailleurs frauduleusement, et avec
« intention, entretenu la maladie de quelqu'un et ag-
« gravé ce qui était léger pour profiter du danger ; et
« s'il a de la sorte perçu des valeurs ou objets, on
« prononcera en tenant compte de la valeur du produit
« de l'acte illicite conformément aux dispositions sur
« le vol furtif. Si la mort en est résultée ou si par
« préméditation il a volontairement employé des dro-
« gues contraires à la nature du mal et tué quelqu'un,
« il sera puni de la décapitation *avec sursis* (1).

A côté de cela les commentaires embrouillent si bien la question, permettent si facilement de tourner

____

(1) Code annamite, traduction de Philastre, t. II.

la loi qu'un médecin accusé peut toujours être sûr d'un acquittement à condition de pouvoir payer au juge l'interprétation favorable de la loi. Voici par exemple les commentaires aux lois précédentes que nous trouvons dans l'ouvrage de M. Philastre

Lorsqu'il est question d'un médecin incapable qui a tué quelqu'un, il faut essentiellement qu'il ne s'agisse pas d'une maladie mortelle et que la mort provienne d'une erreur *clairement et manifestement prouvée* ; alors seulement il est passible de la peine portée par la loi.

Si par exemple c'est une erreur dans une opération et que le malade soit mort sans qu'il y ait apparence de lésion, on ne peut attribuer le décès à la faute du médecin. Si un autre médecin avait déjà traité le malade sans succès, le nouveau médecin qui par erreur aura amené la mort du malade ne sera passible d'aucune peine, il lui sera fait simple interdiction d'exercer la médecine.

La loi annamite s'occupe encore du médecin dans un autre cas, elle règle les devoirs des médecins royaux, et on verra par le texte suivant qu'il y a bien des ennuis et des risques dans ce poste si envié de médecin de la cour qui donne à celui qui sait s'y maintenir honneurs et puissance ; l'exemple le plus connu est celui du fameux Tuong qui est allé mourir en exil à Taïti ; d'abord médecin du roi Tu-Duc, puis son conseiller, il est arrivé enfin premier ministre et régent.

DE LA PRÉPARATION DES MÉDICAMENTS POUR LE SOUVERAIN (*Code annamite*).

« Le médecin qui, en préparant un médicament pour le souverain, se sera trompé et ne l'aura pas préparé suivant la formule convenable (préparation froide si le mal vient du chaud, ou chaude si le mal vient du froid) ou bien qui, de sa main, en enveloppant un paquet de drogues, se sera trompé en écrivant l'étiquette, sera puni *de* 100 *coups de bâton;* — celui qui, en choisissant ou en triant une drogue, y aura par erreur laissé des impuretés, sera puni *de* 100 *coups de bâton.*

Les fonctionnaires chargés qui n'auront pas goûté les préparations médicinales ou culinaires à l'usage du souverain, seront punis *de* 50 *coups de rotin.*

Si les fonctionnaires portent par erreur des drogues dans la cuisine royale, ils recoivent 100 coups de bâton et sont forcés d'avaler les dites drogues. »

Toutes les potions administrées au roi sont inscriles sur un registre spécial avec le nom du médecin qui les a formulées et préparées.

La potion royale est toujours faite en double : une moitié est absorbée par le médecin, par son aide et un des fonctionnaires attachés à la personne du souverain; après ces formalités seulement le roi se décide à boire le breuvage qui doit lui rendre la santé : malheur au médecin si l'effet annoncé ne s'est pas produit !

Quelques médecins se spécialisent, les uns s'adonnent à l'acupuncture; on sait combien est compliquée cette science, sur laquelle les Chinois ont écrit des volumes, et qui demande des années d'études pour être bien connue. Aussi les médecins annamites qui ont la patience de se livrer à l'étude de cet art, si dangereux entre des mains inexpérimentées, sont-ils fort rares ; en revanche, les rebouteurs et masseurs pullulent ; d'autres se spécialisent pour les maladies vénériennes, la variole, etc.

Il y a des médecins qui ont une véritable réputation, mais plus ou moins méritée, comme partout ; les charlatans abondent ; les hommes vraiment instruits sont au contraire fort rares ; ceux-ci sont en général vite connus et arrivent souvent à une fortune relative ; il n'en est pas de même de la grande majorité qui végètent toute leur vie. Rien d'étonnant, du reste, avec le mode de payement adopté : le praticien ordinaire n'est pas payé à la visite, on lui règle seulement les potions qu'il fait et administre ; car il cumule les fonctions de pharmacien.

Chaque potion se paie, en monnaie du pays, une demi-ligature, soit environ 30 centimes ; s'il y entre des médicaments chers, le prix augmente un peu ; enfin, si on se sert de médicaments de grande valeur tels que certaines espèces de ginseng ou de cannelle qui valent presque leur poids d'or, on les côte à part. On comprend que, payé dans ces conditions et à ce taux, le médecin ne puisse pas faire fortune. Naturellement le médecin s'arrange pour ne pas perdre sur sa marchandise et pour y trouver la rémunération de ses peines ; mais heureusement l'Annamite est assez reconnaissant des soins qui lui ont été donnés, il comprend que le dévouement et la science ne peuvent se payer de cette façon mercantile, aussi s'y prend il plus délicatement. Au nouvel an le guéri s'en va faire une visite à son guérisseur et lui porte des présents en rapport avec les soins qu'il a reçus, avec sa fortune et son bon cœur. Généralement les Annamites se montrent assez généreux à l'égard de leurs médecins ; toutefois leur conduite est absolument différente, quand ils ont affaire à un médecin français : c'est tout au plus si leur reconnaissance, même celle des grands mandarins, se traduit par l'envoi d'une douzaine d'œufs ou d'un régime de bananes.

Le mode de payement des médecins un peu en renom est tout autre. Ils traitent à forfait, leur client leur donnera tant s'il est guéri, rien s'il ne l'est pas au bout d'un temps fixé. Si le client est riche, le médecin s'installe chez lui et ne le quitte que lorsqu'il est hors de danger ou mort. Ce dernier système assez employé impose des charges sérieuses aux familles, aussi celles-ci ne se décident-elles que très difficilement et toujours tardivement à appeler le médecin. Bien souvent le conseil de famille délibère encore sur l'opportunité de cette dépense que déjà le malade est mort.

Médecine dans l'armée. — Le médecin militaire n'existe pas en Annam. En temps de paix, lorsqu'un soldat tombe malade, il est obligé de se faire soigner par un médecin quelconque; si la maladie n'est pas sérieuse, il reste dans la caserne ; si elle est grave, il obtient un congé et retourne chez ses parents; enfin, si la maladie se prolonge trop ou devient incurable, le soldat est réformé et renvoyé dans ses foyers, sans pension ni indemnité. Les frais de la maladie sont supportés par le soldat et le village auquel il appartient. L'État ne s'occupe de ses serviteurs que dans le cas où ils se trouvent dans des postes éloignés ; du moins, la loi prescrit de s'occuper d'eux ; mais elle est le plus souvent éludée. Voici le texte du code auquel nous faisons allusion :

« Lorsque des soldats dans les garnisons des provinces, ou des ouvriers dans le lieu où ils sont, occupés, sont malades par suite d'épidémies, les fonctionnaires commandant les divers postes qui ne les assisteront pas en envoyant des dépêches aux services compétents en demandant qu'il soit délivré des médicaments et fourni des médecins pour leur porter secours, seront punis de 40 coups de rotin ; s'il en résulte des décès, la peine sera de 80 coups de bâton. Si ces fonctionnaires ont envoyé de mauvais médecins, pour eux la faute sera la même et recevra la même punition.

« Si les médecins administrent des remèdes qui ne conviennent pas à la nature des maladies, on suit naturellement la loi relative aux médecins incapables. » (1).

En temps de guerre les secours médicaux sont absolument rudimentaires ; pendant les marches ou après les batailles, les malades ou les blessés sont transportés dans les maisons les plus voisines et laissés aux

______

(1) Philastre. Code annamite, loc. cit.

soins des habitants ; en cas de défaite, les blessés sont abandonnés sur le champ de bataille.

Il n'y a naturellement aucun matériel d'ambulance, rien pour le transport des blessés ; ceux-ci sont enlevés à dos d'homme ou sur des brancards improvisés. C'est le même manque d'organisation que chez les Chinois autrefois ; mais tandis que ceux-ci se transformaient au contact de la civilisation européenne, créaient des médecins militaires, des ambulances admirablement montées, comme on a pu le constater pendant la dernière campagne à Lang-Son, les Annamites eux, restaient absolument stationnaires.

En temps de guerre on voit cependant parfois des médecins dans l'armée ; ils sont à la solde de quelques grands mandarins qu'ils accompagnent partout.

Aucun médecin n'est pourvu de fonctions publiques ; l'assistance publique n'existe sous aucune forme, pas d'hôpitaux, à peine quelques refuges pour les lépreux, encore n'y reçoivent-ils aucun soin. Il n'y a pas non plus de médecin légiste ; jamais, du reste, le médecin n'est appelé dans une expertise médico-légale ; celle-ci est toujours faite par un magistrat instructeur, dont la tâche, du reste, est fort simple. La conduite qu'il doit tenir est toute tracée : il doit examiner le corps, les blessures, d'une certaine façon, et il lui faut suivre pas à pas ces instructions, sous peine d'encourir de graves responsabilités se traduisant par un certain nombre de piastres d'amende ou de quelques coups de rotin.

Il existe entre médecins un réel esprit de confraternité ; le Dr Gimelle en rapporte un cas dans ses notes sur la Cochinchine. Ayant été obligé de se remettre entre les mains d'un médecin annamite pour une iritis grave, il fut soigné pendant un mois par ce médecin, à raison de deux ou trois visites par jour ; lorsque le Dr Gimelle voulut lui régler ses honoraires, il refusa absolument de rien recevoir, quoiqu'il fût dans une situation peu brillante, disant qu'entre médecins on ne se fait jamais payer. Autre genre de confraternité : Quand un médecin a trouvé un client riche, il lui arrive quelquefois d'appeler des confrères en consultation, afin qu'ils profitent de l'aubaine.

Les consultations se passent en général très sérieusement, le médecin traitant dirige et préside toujours les consultations.

III

LE THAY PHAP OU SORCIER

Comme tous les peuples peu avancés, l'Annamite est
fort superstitieux; aussi n'est-il pas étonnant de voir
à côté du *thay thuoc*, vivant en parfaite intelligence
avec lui, une autre variété de guérisseur : c'est le *thay
phap* ou sorcier; il est appelé surtout pour les maladies
graves et désespérées, lorsque le médecin abandonne
son malade, et pour certaines affections considérées
comme produites par des esprits malfaisants qui pénè-
trent dans l'organisme, s'y installent et ne peuvent en
être chassés par aucun médicament : telles par exemple les maladies nerveuses et mentales, certaines maladies épidémiques. Le médecin se reconnaît absolument impuissant devant la plupart de ces affections;
d'un autre côté il n'échappe pas, lui aussi, à la supers-
tition générale, il craint de déplaire aux mauvais esprits et n'ose s'attaquer aux maladies causées par eux,
de peur qu'ils ne se vengent sur lui ou sur les siens,
si par hasard il arrivait à guérir le patient.

Les thay phap passent pour être les dépositaires des
doctrines de *Lao-tseu* (1) qu'ils reconnaissent comme
Grand-Maître.

(1) Lao-Tseu. Moraliste et législateur religieux de l'Asie

L'instruction des aspirants sorciers se fait à peu près comme celle des médecins; elle ne ressemble en rien à celle que l'on fait subir chez les Peaux Rouges, en Amérique, aux médecins sorciers dont le rôle est cependant à peu près le même : point d'épreuves douloureuses et barbares, l'élève s'attache à la personne d'un thay phap célèbre, le suit partout pendant quelques années, l'aide dans ses pratiques d'exorcisme.

Au bout de deux ou trois ans, lorsque l'étudiant se sent assez instruit pour passer maître à son tour, il fait un cadeau à son maître, qui l'investit docteur ès-sciences magiques, et lui délivre un brevet lui donnant autorité sur un certain nombre d'esprits ordinaires et d'esprits supérieurs, qui devront lui obéir, venir à son appel et combattre les mauvais esprits. L'élève se munit des instruments de son métier, arsenal peu compliqué : un bâton magique, une épée, un gong ou tambourin, un timbre et un mouchoir rouge; une fois en possession de ces objets, il peut faire des opérations magiques pour son propre compte. Les cérémonies d'exorcisme se pratiquent tantôt chez le client, tantôt chez le thay phap lui-même, par exemple dans le cas de folie ou de maladie chronique permettant au malade de se déplacer.

Les consultations sont loin d'être gratuites : elles

orientale dont les doctrines ont de nombreux points de contact avec celles de Boudha, vivait environ 600 ans av. J.-C. Sa doctrine est contenue dans un livre intitulé : *De la voie et de la vertu.* (Traduct. de Stanislas Julien. 1842.)

sont en général mieux payées que celles du médecin ;
les riches clients sont mis en coupe réglée et dans ces
cas, des confrères malheureux sont souvent appelés en
consultation et participent à la curée.

Dans beaucoup de circonstances le peuple a plus de
confiance dans le sorcier que dans le médecin, et va le
consulter de préférence. Un exemple entre mille : un
homme se connaissant de nombreux ennemis tombe
malade, il est persuadé que ses ennemis lui ont jeté un
sort, l'ont envoûté en cachant dans un coin de sa case
une figurine de bois percée de coups de poignard (on
se croirait au moyen-âge, dans la vieille Europe). Le
malade appelle le thay phap, qui se livre à quelques
cérémonies, chasse les mauvais esprits, découvre toujours la figurine cause de tout le mal et la brise en
mille morceaux ; cette cérémonie faite, le malade doit
être guéri.

Toute maladie à symptômes indéterminés est du res-
sort du sorcier ; celle qui serait traitée le plus souvent
par eux (je doute fort que ce soit avec succès), est caractérisée par les symptômes suivants : sensation de
boule dans l'intérieur du corps, anorexie, céphalalgie
continue, fièvre, douleurs vagues, contractures? syn-
copes, ictère, taches noires sur le corps (purpura sans
doute), le ventre se gonfle et finit par s'ouvrir en ré-
pandant une odeur infecte. (Est-ce un abcès du foie,
affection assez commune, ou une pérityphlite, ou, encore, un abcès de la fosse iliaque?)

Il est un moyen facile pour savoir qui doit être appelé du médecin ou du sorcier. On administre un vo-

mitif au malade ; s'il y a vomissement, le malade revient au médecin ; s'il n'y a pas d'effet produit, c'est au sorcier que l'on doit avoir recours.

Les scènes d'exorcismes sont assez variables ; toutefois, il en est une qui se reproduit à peu près de la même façon dans la plupart des cas.

Le sorcier appelé chez un client se fait accompagner d'un aide, homme ou femme, qui remplit l'office de *médium* ; arrivé près du malade, il fait asseoir le médium à l'annamite, devant lui, lui couvre la tête d'un mouchoir rouge et lui tient sur la tête un bâtonnet d'encens allumé, puis il se met à crier, à s'agiter, à battre du tambourin, etc., jusqu'à ce que le médium se mette à balancer la tête à droite et à gauche. C'est là le signe de l'invasion de l'esprit qu'il s'agit d'évoquer ; à ce moment l'hypnotiseur enlève le mouchoir rouge de la tête du médium, qui est censé sous l'influence de l'esprit et ne parle qu'en son nom. Le thay phap lui demande alors qui il est, quelle est la cause du mal ainsi que les remèdes qu'il faut employer pour le guérir. Ordinairement, le remède indiqué consiste dans quelque sacrifice pour apaiser les colères de l'esprit qui tourmente le malade, ou bien le sorcier tire quelques gouttes de sang du médium, écrit avec ce sang quelques caractères mystérieux sur un morceau de papier et le fait avaler par le malade. Nous avons assisté il y a quelques années à plusieurs séances de ce genre dans un village de Cochinchine où régnait une épidémie de choléra fort grave qui s'y éternisait malgré les prières, processions, etc. ; en désespoir de cause, on essaya le grand jeu de la sorcellerie : plusieurs sorciers des environs furent convoqués, et un beau jour commencèrent leur cérémonie devant tout le village assemblé ; tout d'abord, pour s'exciter, ils absorbèrent force eau-de-vie ; quand ils furent à peu près tous en état d'ivresse, ils se livrèrent à des imprécations, hurlements à faire fuir toute une légion de diables ; le sorcier du village s'arma d'un couteau et fit une entaille énorme à la langue du médium, qui était une vieille femme ; le sang fut précieusement recueilli et servit à écrire des caractères cabalistiques sur de petits morceaux de papier, tout le monde en avala et en suspendit à son cou en guise d'amulettes ; à quelques jours de là, l'épidémie cessa brusquement à la suite de grandes pluies ; tout l'honneur en revint aux sorciers et à la vieille femme qui furent comblés de cadeaux.

La loi réglemente la sorcellerie comme la médecine et édicte des peines sérieuses contre le sorcier qui aura nui à son semblable ; rien d'étonnant à cela, étant donné le pouvoir immense que la crédulité publique accorde au sorcier et à ses pratiques ; elle dit :

« Toute personne versée dans la pratique de la sorcellerie, ou tout autre individu quelconque qui se livrera à la pratique des moyens extraordinaires, tels que dessiner le cercle lumineux, écrire des formules d'incantation et autres moyens analogues pour guérir quelqu'un, et qui aura ainsi causé sa mort, sera condamné à la strangulation avec sursis, selon la loi relative au meurtre commis dans une rixe ; si la mort n'en est pas résultée, la peine sera de cent coups de bâton et de l'exil à trois mille lis ; les co-auteurs seront dans chaque cas punis d'une peine moindre d'un degré. »

Cette loi fort sévère est tombée en désuétude et nous ne croyons pas qu'elle ait été appliquée depuis bien longtemps.

IV

THÉORIES PHYSIOLOGIQUES

Nous nous étendrons peu sur les théories physiologiques, anatomiques et médicales des Annamites, qui
sont identiques à peu de choses près à celles des Chinois;
en tous cas, elles sont aussi incompréhensibles et aussi
incohérentes. Rien d'étonnant du reste à cette simili-
tude d'idées, la plupart des livres étant chinois, il est
tout naturel que les idées régnantes soient empruntées
au système chinois. Nous n'essaierons pas de retracer
ici tout au long ces doctrines et de les faire comprendre
on n'a, pour se convaincre de l'inutilité d'un pareil
travail, qu'à se reporter au premier chapitre sur la
médecine chinoise de M. Dabry de Thiersent, sinologue
distingué, où toutes ces théories sont fidèlement tra-
duites. Tout ce fatras d'idées bizarres semble cependant
fort clair aux Annamites et aux Chinois et leur satisfait si
bien l'esprit que depuis des siècles ils ne cherchent pas
autre chose. L'immutabilité la plus complète présideà
ces croyances.

Les maladies sont d'essence chaude ou froide! En
reconnaître la nature est absolument nécessaire pour

diriger la thérapeutique ; car les médicaments, eux aussi, ont une action froide ou chaude.

Les connaissances anatomiques sont nulles, la religion et le respect des morts font que tout examen de cadavre, toute dissection est interdite ; aussi les Annamites se font-ils une idée bizarre de la forme des organes, de leurs rapports, de leur rôle, des lésions qu'y apportent les maladies.

Pour eux certains viscères sont en relation deux à deux, de sorte que l'état de l'un réagit sur celui de l'autre ; d'où des applications thérapeutiques spéciales. C'est ainsi que le cœur est en relation avec l'intestin grêle, le foie avec la vésicule biliaire, les poumons avec le gros intestin ! les reins avec la vessie, la rate avec l'estomac ; le rein droit, appelé la porte de la vie, est en relation avec les trois régions constituantes du corps, qui sont : 1° la supérieure, tête et cou, 2° la moyenne, poitrine et estomac ; 3° l'inférieure, abdomen, vessie, membres inférieurs. Chacune de ces régions a son régime particulier, son autonomie, ses esprits vitaux, ses humeurs ; mais aussi chacune, étant en rapport avec ses voisines, en subit les influences. Le diagnostic doit avoir à démêler tout cela.

L'homme est un petit univers, un microcosme ; aussi ses organes ont-ils de nombreux rapports avec les éléments constitutifs du monde.

Voici quelques-uns de ces rapports bien ingénieusement trouvés !

Le foie correspond à la terre,

Le cœur   —   au feu,

L'estomac correspond au bois,
Les poumons   —   aux métaux, à l'or,
Les reins   —   à l'eau.

Chacun de ces cinq éléments a un antagoniste, de même aussi les organes :

L'antagoniste du foie est le rein comme celui de la terre est l'eau.

Le cœur a pour antagoniste les poumons, comme celui du feu est l'or, etc,

Toute modification en bien ou en mal atteignant un organe a une action inverse sur l'antagoniste.

Les heures, les jours, les mois, les saisons, les années ont aussi une grande influence sur les organes du corps humain et la production des maladies.

HEURES. — Les jours sont divisés en douze heures; chaque heure correspond à une année du cycle annamite et a la même influence physiologique que l'année correspondante sur la détermination des maladies.

JOURS. — Les jours sont fastes et néfastes; l'astrologie les détermine d'avance; ils sont indiqués chaque année dans le calendrier annamite.

SAISONS. — Le printemps produit des maladies par excès d'humeurs tempérées.

L'été prédispose aux maladies dues à l'augmentation des humeurs chaudes.

L'automne porte aux humeurs fraîches.

L'hiver produit des affections dues aux humeurs froides.

Années. — Elles sont réunies en cycle de douze ans; on a découvert à chacune des années de ce cycle une influence sur la nature des maladies de la pauvre humanité !

La 1re prédispose aux humeurs chaudes;
La 2e   —   humides, trop aqueuses;
La 3e   —   chaudes avec des tendances à engendrer des vents pernicieux ?

Et on reprend la série avec des modifications cependant pour les 6e et 12e modifications certainement d'une très haute importance !

Les 6e et 12e sont venteuses; elles prédisposent aux maladies engendrées par une chaleur pernicieuse ?

Mois. — Les mois ont également une influence; ils sont divisés en séries de trois : le premier correspond à février; il agit de la même façon que la 1re année du cycle; le 2e comme la 2e année et ainsi de suite.

Couleurs. — Les couleurs ont des rapports avec les principaux organes.

Le blanc correspond au poumon ;
Le rouge   —   au cœur ;
Le noir   —   au rein ;
Le bleu   —   au foie ;
Le jaune   —   à l'estomac.

De là des signes pour reconnaître le siège de la maladie. Vous avez de l'ictère : c'est l'estomac qui souffre !

La peau est cyanosée, on a affaire à une maladie de foie !

De là aussi un moyen d'administrer des remèdes appropriés à l'organe malade : par exemple, qu'il s'agisse d'une maladie d'estomac, comme régime le médecin recommandera de la viande de chien ; mais là la viande de chien noir produirait un effet déplorable, parce que la couleur du viscère est blanche, il faut de toute nécessité prescrire de la viande de chien blanc.

De plus, il faut tenir compte de l'intensité des couleurs, de leur siège, de l'existence simultanée de plusieurs colorations, etc.

V.

Les médecins examinent peu sérieusement leurs malades; la plupart de nos moyens d'exploration leur sont inconnus, aussi font-ils souvent de grosses erreurs de diagnostic et englobent-ils sous un même nom des maladies bien différentes.

L'examen extérieur du malade est considéré comme des plus importants, des signes nombreux leur sont fournis par l'habitude extérieure, par l'examen de la langue. Le palper, peu employé, leur donne quelques renseignements sur la présence des tumeurs, sur l'épaisseur des parois abdominales. On peut citer encore l'examen succinct des urines et des matières fécales.

Pouls. — De tous les moyens d'exploration, c'est certainement le pouls qui est considéré comme le plus important; il faut plusieurs années pour arriver à en connaître toutes les modalités; leur littérature médicale est encombrée d'ouvrages écrits sur ce sujet. Le vrai médecin doit établir son diagnostic rien qu'en tâtant le pouls; car toutes les maladies ont des variétés distinctes.

Chaque organe a son pouls spécial, se modifiant suivant les diverses influences extérieures signalées précédemment: heures, jours, mois, etc. Le pouls se perçoit au poignet à trois endroits différents, les uns au-dessus des autres ; les pouls des deux bras ne sont pas analogues, chacun d'eux correspond à un organe essentiel.

Le plus rapproché de la main correspond à droite au cœur, à gauche au poumon.

Le pouls moyen correspond à droite au foie à gauche à l'estomac.

Le pouls supérieur droit correspond au rein droit à la porte de la vie ? celui de gauche au rein gauche.

Il y a des pouls externes et internes, superficiels et profonds, etc. La force des pulsations leur fournit des signes de diagnostic et de pronostic importants.

Un pouls fort indique que la maladie est encore au début

Un pouls ni fort ni faible annonce un progrès du mal.

Enfin, un pouls faible marque la gravité de la maladie et un danger de mort pour le malade.

Le nombre des pulsations a aussi son importance. On les compte en les rapportant à un nombre d'inspirations d'une personne saine, le pouls normal doit donner 45 à 46 battements pendant neuf inspirations.

Ils ont quelquefois des comparaisons assez bizarres pour décrire certaines variétés de pouls : ainsi, un pouls ressemblant à une bulle d'air qui s'échappe d'un liquide indique une mort prochaine.

Le pouls ressemblant au mouvement d'une crevette qui nage est également un signe de mort prochaine.

Un autre produit à la main la sensation d'un béquetement de moineau.

Le pouls gauche indique les maladies dont le principe est externe : air, eau, sol ; le pouls droit, les maladies dont le principe est interne.

Nous ne nous étendrons pas plus longuement sur ce sujet car les Annamites n'ont presque rien ajouté sur ce point aux méthodes chinoises. Nous avons retrouvé en effet toutes ces notes prises en Annam, avec fort peu de variantes dans l'ouvrage de M. Dabry de Thiersent sur la médecine chinoise.

Lorsque le médecin va visiter un client, il doit de préférence aller le trouver le matin après le repos de la nuit ; c'est le moment le plus favorable pour l'examen du pouls. Il faut se garder de troubler le malade avant cette importante opération et même pendant. Le médecin doit placer le malade dans une position telle que rien ne gêne la circulation : la meilleure position est la position horizontale, le malade reste couché, bien naturellement allongé, les membres dans un état d'abandon ; les bras doivent rester appuyés sur le lit pendant que le médecin place trois doigts de chaque main sur les poignets du patient afin de sentir les six espèces de pouls à la fois. Le médecin qui tient à la considération de ses clients met dans cet examen un long temps, beaucoup de gravité, un silence absolu, un recueillement profond, il doit éviter d'adresser de trop fréquentes questions. Dans bien des cas le pouls doit lui suffire pour connaître le mal. Quand il a fini, il explique au malade lui-même et à l'entourage les caractères de la maladie révélée par le pouls. Toutefois le plus souvent le médecin pose quelques questions au patient et surtout à l'entourage ;

s'il diagnostique juste, la confiance que l'on a en lui n'a plus de bornes. Le diagnostic n'est pas toujours aussi simple, il faut dans certains cas tenir compte des heures, du jour, du mois, de l'année et donner à chaque influence la valeur que la sagacité de chacun indique avec le signe plus ou moins, suivant que les influences concurrentes sont de même nature ou de nature contraire. Il faut ajouter à cela les signes tirés du pouls, du sexe, de l'âge, des habitudes. C'est une véritable mise en équation; c'est là que se fait reconnaître le vrai médecin. Tous les termes étant bien mis à leur place avec leur signe, leur valeur, leur coefficient, etc., l'x sort tout seul.

C'est de cette manière que le P. Renauld, de qui nous tenons ces détails, a vu procéder une des sommités médicales de Hué, le malade se tordait dans des coliques affreuses; le médecin conclut à une attaque de choléra; quelques heures après le malade rendait un calcul et était guéri.

PRONOSTIC. — Des erreurs de diagnostic aussi fortes sont assez fréquentes, aussi les médecins sont-ils très réservés dans leurs explications et laissent-ils toujours un doute sur la terminaison probable, rarement ils osent affirmer ; leurs livres sont cependant pleins de signes leur permettant de porter un pronostic ferme d'après les caractères du pouls, de l'habitude extérieure, etc. Citons quelques exemples.

Dans l'ascite un pouls fort est de bon augure.
    —   un pouls petit et lent, signe grave.

Dans les maladies accompagnées de fièvre, délire et diarrhée, le pouls petit est d'un pronostic fort grave.

Chez la femme enceinte un pouls irrégulier et dépressible indique une probabilité d'avortement.

Dans le choléra le pouls fort indique peu de gravité.

On voit par ces quelques exemples qu'ils savent parfois observer juste.

Si la face est cyanosée, les lèvres noires, la mort est prochaine. La bouche ouverte, quand il y a œdème général et pouls filiforme, est d'un pronostic fort grave : la mort est certaine au bout de quelques jours.

Si, dans une fièvre très forte accompagnée de délire, il y a fixité du regard et une coloration jaune foncé de la face, la mort est presque certaine.

Lorsque le côté gauche de la langue présente une coloration blanchâtre, on doit considérer l'affection comme sérieuse.

Des taches couleur de chair corrompue sur la langue indiquent un état très grave et une mort prochaine.

VI

CAUSES DES MALADIES.

L'étiologie est absolument dans l'enfance; quelquefois les maladies sont rapportées à leur véritable cause; mais on peut dire que c'est exceptionnel. Le médecin et avec lui le peuple croient beaucoup à l'influence morbide des miasmes, des odeurs que chaque personne porte avec soi; de là vient que l'on ne permet pas à toute personne d'approcher un malade. A signaler, entre parenthèses, un excellent préservatif contre les miasmes, les poussières de l'air, les différents agents de contagion qui s'absorbent par le poumon : il consiste à enduire d'huile d'arachide les ouvertures par lesquelles toutes ces semences de mort peuvent s'introduire, à savoir : la bouche, les narines, le pavillon de l'oreille ! Toutes les poussières de l'air sont arrêtées par la nature gluante de l'huile !

Les brouillards dans les pays marécageux seraient cause de fièvre paludéenne, là, ils sont dans le vrai, de même lorsqu'ils reconnaissent à la mauvaise qualité de l'eau des propriétés nocives. Pour beaucoup c'est à cette cause que l'on devrait attribuer la fièvre intermittente, le choléra, la fièvre typhoïde. Pour le choléra, il n'y a toutefois pas unanimité : on croit beaucoup à la contagion par l'air et à la pénétration du contage par le poumon.

S'ils croient à l'influence de l'impureté des eaux, ils s'en font souvent une idée fort bizarre : c'est ainsi que j'ai entendu dire à un médecin de la cour d'Annam, considéré cependant comme instruit, que l'eau de la rivière de Hué était d'autant plus malsaine que l'on se rapprochait de la source qui se trouve au milieu de montagnes boisées ; au milieu de la forêt l'eau serait très malsaine, mais elle se purifierait à mesure qu'elle traverserait des lieux habités; de plus, l'eau puisée d'un côté de la rivière produirait la fièvre paludéenne, tandis que de l'autre côté elle serait inoffensive. Ce médecin ne considérait pas que les matières fécales que tout Annamite va consciencieusement déposer chaque matin dans l'eau puisse la souiller et être par suite cause de maladie ; cette opinion est malheureusement celle de presque tout le monde. Ils ne redoutent que la contamination par les végétaux en décomposition. Heureusement, ils remédient à ce manque de précautions hygiéniques par une coutume excellente, c'est de faire bouillir leur eau avant de la boire.

On admet la contamination directe pour certaines maladies virulentes, syphilis, variole. Les vers intestinaux jouent aussi un grand rôle comme causes de maladies ; entrés par le tube digestif, ils le traversent et vont s'installer dans divers organes ; ils ne connaissent que les ascarides et les tænias.

Les mauvais esprits doivent entrer également en

ligne de compte, ce sont eux qui produisent les affections malignes à marche indéterminée.

Une étiologie bizarre est celle de certaines maladies de l'oreille : l'oreille humaine est gardée et habitée par un petit animal appelé coñ ray, le cerumen est formé par ses excréments, leur trop grande abondance peut amener la surdité, en empêchant l'animal de respirer et en le faisant mourir ; les bourdonnements d'oreilles sont dus à ses luttes avec les divers corps étrangers ou animaux qui ont pénétré dans le conduit auditif. Les deux oreilles seraient en communication, d'où le précepte lorsqu'un animal s'est introduit dans une oreille, de boucher les deux avec de la terre ou du coton afin de le tuer en l'empêchant de respirer.

L'hérédité a son importance dans l'étiologie de quelques maladies; la phthisie et la folie sont les deux plus intéressantes à signaler comme relevant le plus souvent de cette cause.

VII.

PHARMACIES, — PRÉPARATION DES MÉDICAMENTS.
THÉRAPEUTIQUE.

Avant d'aborder le traitement des maladies et la thérapeutique, nous dirons quelques mots de la pharmacie et des diverses préparations pharmaceutiques employées en Annam.

Comme nous l'avons déjà dit, le médecin est en même temps pharmacien ; il existe cependant des pharmaciens n'ayant pas fait d'études médicales, et se bornant au commerce des drogues et à leur préparation. L'exercice de la pharmacie est complètement libre, il suffit pour pouvoir s'établir pharmacien d'être capable de reconnaître les drogues usuelles, instruction qui s'acquiert par un stage en général assez court, pouvant cependant durer plusieurs années; ordinairement le fils succède au père.

Les pharmacies sont toutes montées à peu près sur le même modèle et ont un air de famille comme en Europe. Elles consistent en une salle plus ou moins vaste autour de laquelle sont des rangées de tiroirs et de bocaux contenant les drogues brutes : au milieu un comptoir sur lequel se trouvent les divers appareils servant à la préparation des drogues : pilons, couteaux, hachoirs, etc.

Devant la porte, diverses drogues subissent des préparations : les unes sont à sécher au soleil, d'autres sont coupées ou décortiquées à la main, etc.

Les médicaments sont délivrés au premier venu ; nul besoin d'ordonnance. Les clients ordinaires sont les médecins ; les malades, eux, se fournissent chez le médecin qui donne au médicament la forme voulue.

Nature des drogues. — Les drogues annamites sont empruntées aux trois règnes ; les végétaux y entrent pour les neuf dixièmes : feuilles, fruits, tiges, racines, sucs, etc.

Le règne animal fournit une assez grande quantité de remèdes : cornes, peau, poils, excréments, dents, etc. Quant au règne minéral, il compte peu : quelques sels et métaux employés le plus souvent sous une forme qui rend leur action absolument inerte. C'est ainsi que l'on fera bouillir de l'eau dans laquelle on aura mis un morceau d'or ou d'argent.

Origine. — Les drogues d'origine végétale se récoltent pour une faible partie dans le pays : par exemple, le tamarin, l'écorce d'oranges amères, gomme gutte, ricin, croton, divers champignons, cannelle, cardamome, etc. Le Tonkin en fournit beaucoup, mais la plus grande partie vient de Chine et c'est là une source d'importations considérables, aussi ces drogues portent-elles le nom de médecines du Nord.

Préparation des drogues. — Les drogues sont à

l'état brut dans le commerce, et chez le pharmacien, celui-ci les découpe ou les réduit en poudre suivant les indications des clients ; mais le plus généralement il les vend telles quelles aux médecins qui, eux, les transforment, en font des pilules, des potions, des onguents, etc.

Le médicament réduit en poudre est mêlé à du miel ou de la pâte de farine et roulé en pilules plus ou moins grosses. Cette forme est très employée. Il y a une foule de petits lettrés sans position, de médecins sans clients qui gagnent leur vie en faisant et en colportant des pilules guérissant tous les maux. Les gens qui ont soin de leur santé en ont toujours quelques-unes de leur goût dans leur sac à tabac : c'est de bon ton. Il y a des pilules qui ont leur moment de vogue ; la vogue est actuellement aux pilules de Hoangnan. La réclame n'est pas encore arrivée aussi loin qu'en Europe, mais cependant on la voit s'étaler à la porte des pharmaciens sous la forme de tablettes peintes qui vantent telles ou telles préparations spéciales comme souveraines dans certaines maladies.

On prépare aussi des onguents pour l'usage externe ; ils sont composés avec des médicaments en poudre et un excipient qui varie ; l'huile de sésame, la graisse de chien sont très employées. On cuit le tout ensemble jusqu'à la consistance voulue.

Les sirops sont fort peu utilisés, ils ne se conservent pas. On se sert assez souvent de la forme de gelée pour certains médicaments : os de tigres, bois de cerf, peau de rhinocéros, etc. La principale forme sous laquelle s'administrent les médicaments est l'infusion préparée suivant certaines règles, toujours les mêmes.

Voici ce mode de préparation :

Le médecin a vu son malade, il connaît sa maladie, il rentre chez lui, feuillette ses livres, trouve la formule qui convient à son cas et se met en mesure de composer sa potion ; il puise alors les différents médicaments dans une espèce de bahut rempli de petits tiroirs bourrés de médicaments, découpés en petits copeaux ; ce meuble, toujours le même, se retrouve chez tous les médecins, de même que les autres instruments de pharmacie : un couteau ressemblant à un hachoir à tabac, un pilon ou plutôt une auge en fonte, ressemblant à un petit bateau, longue d'environ 50 centimètres ; dans cette auge un disque en fonte d'environ 20 centim. de diamètre, traversé en son centre par un axe en bois. Les médicaments à pulvériser sont jetés dans cette auge ; le médecin ou son élève s'assied un peu au-dessus d'elle, appuie ses pieds sur l'axe du disque et le fait rouler en avant et en arrière jusqu'à broiement complet de la drogue. Donc le médecin s'occupe de composer le remède demandé ; la formule qu'il a choisie est ordinairement fort compliquée, il y entre 8 à 10 médicaments, quelquefois plus, les poids et les proportions du mélange sont indiqués. Cette formule est un habit qui peut aller à tout le monde, pourvu que le tailleur le modifie un peu suivant la taille de l'acheteur. Le médecin, et c'est là qu'il fait paraître son talent, puise dans chaque casier une pincée des substances prescrites, ses doigts savent ce qu'il en faut pour tel poids, telle personne de tel âge en telle saison, année, jour, etc.; il retranche ou ajoute, suivant le cas. Chaque pincée est déposée sur un morceau de papier et la dernière est toujours une forte dose de poudre de réglisse, c'est l'édulcorant habituel. Le tout pulvérisé et artistement plié dans un morceau de papier, sur lequel on peint quelques explications, est livré à l'envoyé du malade.

A la maison, il faut faire cuire ou infuser les 36 ingrédients du paquet suivant des règles que l'on doit suivre minutieusement: il faut tout d'abord avoir une casserole en porcelaine ou en terre, chose essentielle! une eau pure, puis un feu de charbon de préférence à un feu de bois; mais il faut conduire ce feu d'une certaine façon, il doit être vif du début jusqu'à l'ébullition, alors on le diminue pour permettre aux substances de se dissoudre.

Chaque paquet est cuit deux fois et fournit deux potions; la quantité d'eau est fixée à un bol pour la 1re cuisson, un peu moins pour la 2e. On doit cuire jusqu'à réduction aux 7/10. Il faut alors servir chaud.

Toutes ces potions ont la même couleur brun foncé, la même odeur, le même goût indéfinissable. Quand le malade a avalé cette drogue, il se rince la bouche, c'est de toute rigueur; il attend alors que l'effet se produise; si, au bout de 2 ou 3 heures, aucun résultat n'a été obtenu, on doit renouveler la potion. Voilà la vraie médecine!

THÉRAPEUTIQUE. — Pour l'Annamite, comme pour nous, la thérapeutique est le but et la fin de toutes les

connaissances médicales; aussi apportent–ils tous leurs
soins à l'étude de cette science. L'empirisme les guide
le plus souvent, mais ils se lancent quelquefois dans
des spéculations chimériques, absurdes, et leurs théories
sur l'action physiologique des médicaments portent les
empreintes de ces bizarreries, de ces superstitions dont
fourmille leur médecine. A côté de cela on est étonné
de trouver des faits bien observés, des idées fort justes
sur le mode d'action des médicaments et des applications rationnelles au traitement des maladies. On
retrouve chez eux certaines divisions, certaines classi-
fications adoptées chez nous ; c'est ainsi qu'ils ont des
purgatifs, des toniques, des diurétiques.

Les médecins instruits ont une confiance assez mé-
diocre en la valeur de leurs drogues ; il n'en est pas de
même de la plupart des médecins et à plus forte raison
du peuple qui ont une foi aveugle dans tout ce qui
touche à la thérapeutique ; la formule prescrite par les
maîtres de la science doit toujours guérir ; si l'effet
attendu n'est pas obtenu, c'est la faute du malade ou de
quelque mauvais génie qui sera venu se jeter à la tra-
verse et non la faute du remède.

L'idée de spécificité domine leur thérapeutique, ils
ont été heureusement inspirés en employant le mercure
dans la syphilis, le soufre dans la gale.

Une autre théorie assez souvent appliquée est celle
des similia similibus ; mais dans ce cas ce ne sont pas
les effets physiologiques qu'ils mettent en avant, c'est
la ressemblance grossière du médicament par sa forme
ou sa couleur avec certains organes ou certains symp-

tômes de maladies. Ainsi la garance rouge provoquerait
les règles, le ginseng bifide qui ressemble vaguement
à un être humain rendrait la force et la vigueur,
l'indigo serait souverain dans le purpura. Ces idées ne
rappellent-elles pas celles qui avaient cours en Europe
il y a un siècle ou deux, et sans remonter si loin, ne
croyait-on pas chez nous, il y a peu de temps encore, à
l'influence de la carotte contre la jaunisse, à celle de la
pulmonaire contre la tuberculose pulmonaire. De même
les bulbes ovoïdes de plusieurs orchidées n'étaient-elles
pas considérées comme d'excellents aphrodisiaques.
Aussi n'avons-nous pas trop le droit de sourire de cette
thérapeutique qui, comme toute science dans l'enfance,
contient à côté de choses vraies des superstitions et bizarreries nombreuses.

On range aussi volontiers les médicaments d'après
leurs propriétés chaudes ou froides suivant qu'ils sont
utiles dans les affections dues à un excès de froid ou de
chaud. C'est ainsi que les toniques excitants sont des
médicaments chauds, les diurétiques, les purgatifs, les
vomitifs, des médicaments froids.

La pharmacopée annamite différant peu comme nous
l'avons déjà dit de la pharmacopée chinoise, nous pas-
serons rapidement en revue quelques-uns de leurs médicaments, renvoyant pour de plus amples détails aux
ouvrages sur la thérapeutique chinoise (Dabry de
Thiersent-Loureiro, etc.).

Le règne minéral fournit un assez grand nombre
de substances employées en médecine à peu près aux
mêmes usages que chez nous.

L'arsenic s'emploie à l'état d'acide arsénieux dans les fièvres intermittentes, les affections strumeuses; comme caustique; c'est un poison fort usité. Le sulfure entre dans diverses pommades contre plusieurs manifestations de la syphilis et de la lèpre. Pour le traitement de la fièvre intermittente, on se sert parfois de tasses faites en sulfure d'arsenic dans lesquelles on laisse séjourner du thé pendant vingt-quatre heures.

L'alun fort employé pour purifier l'eau, sert également dans les diarrhées, dans la syphilis, dans le choléra.

Le borax s'utilise contre le muguet, les différentes affections de la bouche.

Le chlorure de sodium est très apprécié, surtout lorsqu'il est resté enfermé pendant de longues années à l'abri de l'humidité et de la lumière; il acquiert alors une valeur énorme et se vend au poids de l'or; on en fait entrer quelques centigrammes dans les potions toniques dans les cas désespérés.

Le mercure est très employé sous diverses formes : calomel, sublimé, oxyde rouge, sulfure, contre la syphilis, la lèpre, certaines maladies de peau, etc. Le peuple a une horreur profonde pour toutes les préparations mercurielles qu'il accuse d'être anaphrodisiaques.

Le carbonate de chaux en poudre s'utilise dans la dysenterie, la diarrhée. La poudre de chaux sèche s'emploie comme hémostatique.

Le nitrate de potasse (poudre à canon) s'emploie comme diurétique ; il fait passer le lait.

Le fer a des propriétés spéciales; c'est un métal dur, résistant, lourd. il communique à l'organisme sa force, sa résistance, et par son poids force les principes morbides, en pressant sur eux, à s'échapper par la partie inférieure du corps ; on l'emploie en faisant bouillir de l'eau dans une casserole contenant des morceaux de fer, d'acier ou de scories de fer.

Le plomb sert contre le goître.

Les cendres de varech sont utilisées aussi dans le traitement du goître.

Le règne animal, de son côté, fournit nombre de médicaments ; la plupart ont des vertus bizarres.

La gelée faite avec des os de tigre jouit de propriétés merveilleuses ; faite avec les os de la patte de devant, elle guérit les maladies de la main et du bras, douleurs rhumatismales, arthrites ; faite avec ceux de la patte de derrière, elle est souveraine contre les maladies du pied.

La gelée faite avec de jeunes cornes de cerf encore recouvertes de leurs poils est un bon excitant, un aphrodisiaque puissant, sans doute par analogie avec les mœurs des cerfs au moment où leurs cornes repoussent.

Le foie de *crapaud* est un excellent onguent contre certaines maladies de peau ; il hâte la maturité des boutons.

La tisane de *scorpion* est employée dans les affections nerveuses, dans l'épilepsie et diverses paralysies ; elle est souveraine « pour redresser les mâchoires quand on a la bouche de travers ! »

La *carapace de tortue* rapée et mélangée avec du *bec de callao* préparé de la même façon, forme la base d'un très bon onguent contre les maux de gorge.

Les *pediculi bovis* desséchés et réduits en poudre donnent un abortif de premier ordre.

Les excréments de plusieurs animaux entrent dans quantité de formules.

La poussière qui entoure les vers à soie n'ayant pas produit de cocons est très employée dans la variole.

Les excréments de vers à soie sont considérés comme un poison très violent ; je dois au Père Renauld la relation de deux empoisonnements portant sur un grand nombre de personnes et attribués à cette sorte de poison.

En 1885, à la suite d'un repas de funérailles, environ cinquante personnes mouraient dans un village chrétien des environs de Hué, pour avoir mangé de la viande de buffle qui aurait été déposée sur des claies où avaient été élevés des vers à soie et cuite dans des vases où l'on fait bouillir les cocons pour les dévider. En 1886, répétition du même fait, dans les mêmes conditions : cinquante-deux personnes succombèrent en quelques heures à des accidents cholériformes. De ce poison on peut en rapprocher un autre qui a une réputation terrible, c'est celui que l'on prépare en laissant pourrir les poils de la barbe d'un tigre : des vers se développent sur ces poils, leurs excréments seraient le poison le plus violent que l'on connaisse ! Aussi la loi s'est-elle occupée de prévenir la préparation de ce poison en ordonnant sous peine d'un châtiment fort grave, de brûler les barbes de tout tigre qui a été tué !

Les cheveux coupés très courts et mêlés aux aliments constitueraient aussi un poison sûr.

Quelques gouttes d'urine humaine dans une potion guérissent instantanément d'une syncope !

Le morceau de cordon ombilical qui tombe peu après la naissance, bien desséché et pulvérisé, sert à composer un remède contre la fièvre qui peut atteindre les enfants dans les premières années de leur existence.

Nous n'en finirions plus si nous voulions citer toutes les drogues tirées du règne animal : poudre de sangsues, coquilles d'œuf, écailles de pangolin, nid de guêpes, cloportes, limace, etc., etc.

Quant au règne végétal, c'est par milliers que l'on compte les drogues qu'il fournit ; beaucoup sont connues en Europe et employées à peu de choses près, aux mêmes usages qu'en Chine ; par exemple, poudre de réglisse, tamarin, gomme gutte, rhubarbe, écorces d'oranges amères, opium, cachous de l'areca catechu et l'acacia catechu, cannelle, camphre, etc., etc.

Parmi les médicaments les plus employés, nous citerons :

La *cannelle* fournie par plusieurs variétés de cinnamomum ; on n'emploie que l'écorce ; certaines variétés se vendent presque au poids de l'or ; médicament d'origine chaude, fortifiant le cœur, très utile dans les maladies dues à la faiblesse et au froid.

Différentes variétés de *capsicum*, médicament de nature chaude, atténue les humeurs, stomachique, sternutatoire, employé dans les fièvres intermittentes.

La *menthe crispée* de nature chaude est excitante, stomachique, anthelminthique, laxative? Sert dans les coliques, dans les dyspepsies, les affections nerveuses.

L'*angélique officinale*, racine de nature chaude, excitante, stomachique; dyspepsies, fièvre typhoïde, variole, etc.

Le *cardamome* (Amomum maximum et A. racemosum), graines de nature chaude utiles dans les fièvres intermittentes; une autre variété est employée dans les contusions en cataplasmes faits avec les feuilles.

Le *curcuma*, bon emménagogue utile dans l'ictère, la cachexie paludéenne, la gale et la lèpre.

L'*origanum* (syriacum ou heracleoticum). Emménagogue sudorifique. Employé dans les fièvres comme tonique, sert aussi dans la gale.

L'*eupatorium aya-pana* s'emploie en infusion théiforme contre les hémorrhagies; en applications extérieures s'emploie aux mêmes usages.

Le *bambou* médicament de nature froide, émollient, la décoction de feuilles s'emploie dans les fièvres, les bronchites, les douleurs de gorge; l'écorce est légèrement astringente, utile dans les hémorrhagies; on en fait aussi un onguent résolutif.

L'*artemissa abrotonum*. Emménagogue sert dans la chlorose.

La *pæonia officinalis*. Emménagogue, purgatif léger, utile dans les maladies nerveuses.

Le *plantago Loureiri*, de nature froide : diurétique; à l'extérieur contre les contusions, les maladies des yeux.

La *clematis sinensis*, racine froide, diurétique, purgative, fait passer le lait.

L'*arum pentaphyllum* racine chaude; purgatif léger

employé dans les affections nerveuses, épilepsie, contre les morsures venimeuses.

Le *dimorphantus edulis*, utilisé dans les hémorrhagies et les maladies du cœur.

Le *gynocardia odorata*, employé dans les dermatoses et la syphilis.

L'*orge* germée, utilisée dans les dyspepsies.

Une variété de *datura*, guérirait, disent-ils, la rage; en le donnant à forte dose de façon à amener une demi-intoxication caractérisée par du délire; si les symptômes d'empoisonnement paraissaient trop violents, on ferait prendre une infusion de bois de réglisse qui arrêterait instantanément l'empoisonnement.

Le *ginseng*, bien connu, racine bifide en forme de cuisses de grenouille écorchée et desséchée, s'emploie en décoction à la dose de 5 à 10 grammes : spécifique contre les organismes débilités par la maladie ou les plaisirs vénériens, serait de nul effet chez les vieillards et les enfants.

L'*anarmita cocculus* (ménispermacées), sert à empoisonner les mares pour pêcher ; le poisson recueilli ainsi peut être mangé sans inconvénient.

Le *nelumbo ou lotus*, utilisé contre les empoisonnements par les crabes.

La *rhubarbe*, très employée comme tonique, apéritif, à haute dose purgatif, a le pouvoir d'empêcher la corruption du sang et de le fluidifier s'il était coagulé.

La *squine* (smilax china), sudorifique employé journellement dans la syphilis et dans les stomatites mercurielles.

VIII

DESCRIPTION DE QUELQUES MALADIES.

Il semble qu'avec des modes d'exploration, des éléments de diagnostic aussi restreints que ceux qu'ils possèdent, les médecins annamites doivent avoir des idées fort vagues sur la symptomatologie et l'évolution des maladies, aussi est-on tout étonné, en lisant ou en écoutant leur description de certaines affections, de constater qu'elle ne serait pas déplacée dans un de nos livres de pathologie; ils savent souvent distinguer très nettement, discuter avec justesse les symptômes et grouper tous les éléments propres à une entité morbide. Ils décrivent comme affections bien distinctes le choléra, la dysenterie, les fièvres paludéennes, la fièvre typhoïde, etc. En revanche, d'autres affections sont confondues : maladie de Bright et affections mitrales; d'autres au contraire sont divisées à l'infini, par exemple la syphilis dont beaucoup de manifestations sont considérées comme des maladies distinctes. Pour donner une idée de la façon dont ils observent, nous citerons quelques descriptions des maladies les plus importantes, d'après des médecins instruits.

CHOLÉRA. — Le choléra est une maladie épidémique se montrant tous les 6 ou 7 ans avec une intensité fort variable. Depuis 1850 il y a eu en Annam 6 épidémies dont 4 graves.

La première, en 1850, parut à la suite de famine et de fortes chaleurs, atteignit environ 40 0/0 de la population ? La mortalité fut d'environ 70 0/0 des cas, l'épidémie dura seulement 20 à 30 jours dans chaque localité; elle débuta par Hué et s'étendit ensuite au Tonkin et à la Cochinchine. En 1854, deuxième épidémie à la suite des mêmes causes; le 1/5 de la population environ fut atteint; la mortalité a été seulement de 50 0/0 des cas ?

En 1859, année de l'expédition française à Tourane, nouvelle épidémie; mortalité 45 0/0 des cas.

Les 4e et 5e furent peu graves.

La plus sérieuse de toutes est celle de 1885, prévue et annoncée par les Annamites pour le mois de juin, par suite du manque de pluie des premiers mois de l'année et du mauvais état des récoltes; elle apparut seulement à Hué au commencement d'août, peu après la prise de la ville par les troupes françaises ; la maladie atteignit près de la moitié de la population, dit-on ? et la mortalité s'éleva à 70 à 75 0/0 (1); dans les provinces enronnantes l'épidémie fut moins forte.

Tous les ans on constate des cas sporadiques rarement suivis de mort; auparavant et en même temps existent toujours des diarrhées.

(1) Ces chiffres sont approximatifs et certainement fort exagérés, il n'y a aucun contrôle comme statistique possible. Sur les Européens la mortalité a été de 11 0/0 de l'effectif à Hué même.

Etiologie. — Le choléra apparaît à la suite de grandes chaleurs prolongées pendant plusieurs mois, lorsque manquent les pluies de l'été. Il naît des miasmes de la terre. (Nous avons entendu le célèbre Tuong, alors premier Régent, attribuer le choléra à la mauvaise qualité de l'eau qui à la suite des fortes chaleurs, croupit et pourrit (1), et il mettait du reste sa théorie en pratique en faisant chercher fort loin son eau de boisson. Ce qui prouve que pour beaucoup cette étiologie doit être admise, c'est le nom que l'on donne au choléra : « *maladie qui suit les rivières* »); un autre facteur important est la misère générale à la suite de mauvaises récoltes ou de guerre. Les épidémies cessent lorsque arrivent de grandes pluies qui balaient la terre et chassent les miasmes.

Le choléra est une maladie de misère, elle atteint rarement le mandarin (sans doute parce qu'il se sert d'eau pure et la fait toujours bouillir avant de s'en servir, ce que ne peuvent faire les gens du peuple). La contagion, qui est très fréquente, s'opérerait par l'air et les poumons, d'où la nécessité d'isoler le malade. Le choléra existerait aussi chez les animaux, chiens buffles, qui succomberaient avec des phénomènes algides ?

(I) Ce fait est bien connu des Chinois : A Formose, en 1885, pendant l'épidémie qui a décimé nos troupes, les autorités chinoises avaient affiché partout une proclamation disant que les eaux habituelles de boisson étaient empoisonnées et étaient causes du choléra, qu'il fallait aller en un point donné s'en procurer de pure et de plus la faire bouillir.

Symptomatologie et pronostic. — On distingue plusieurs variétés : le choléra sec, moins grave que le choléra humide, assez rare du reste, donne une mortalité de 3 0/0.

Le choléra humide avec vomissements seuls, mortalité nulle.

Le choléra humide avec selles liquides sans vomissements, mortalité 20 0/0.

Enfin le choléra avec selles séreuses, vomissements, crampes, algidité etc., mortalité 60 0/0.

Dans les cas suivis de guérison il y a généralement une réaction fébrile faible ; la convalescence est assez longue dans les cas graves.

Lorsque le malade ne succombe pas tout de suite, il peut être pris au bout d'un jour ou deux de fièvre typhoïde ! ou d'une autre affection que l'on appelle la maladie de la *patte de crabe,* du nom d'un symptôme qui est une plaque érythémateuse ressemblant à une patte de crabe se formant au niveau du sacrum. Cette forme est caractérisée le 1er jour par des frissons intenses, fièvre, céphalalgie très forte, absence de selles, dysurie, insomnie.

Le 2e jour, fièvre continue, céphalalgie intense.

Les 3e et 4e jours, fièvre continue, intense, délire violent.

Le 5e jour le délire cesse, la fièvre décroît, apparition de la rougeur au sacrum, mort vers le 8e jour ; si la maladie traîne, eschare sacrée vers le 12e jour.

Le pronostic du choléra est très défavorable lorsque les yeux sont convulsés ; lorsque le corps est couvert d'une sueur froide gluante, lorsque la respiration est lente.

Le hoquet indique toujours une terminaison fatale.

Le *Traitement* du choléra est fort peu varié relativement à celui des autres maladies : il consiste exclusivement en quelques potions et quelques soins. Le thé cuit avec du gingembre et bu chaud est recommandé au début, puis on donne une potion contenant du simarouba, de l'écorce d'oranges amères, de l'angélique, du pachyma cocos, du janipha loflingii, du procris sinensis et de la racine de réglisse.

Voici une formule assez fréquemment employée :

Aconit variegatum ...	3 gr.	
Racine de costus	3	50
Chamœleon blanc....	7	
Cardamome	4	50
Gingembre	3	50
Cannelle	3	50
Racine de réglisse	5	

préparer deux infusions suivant la méthode que nous avons déjà indiquée, prendre froid en deux jours.

Dans certains cas frotter le ventre avec des graines de moutarde noire humectées, puis avec du sel chaud.

Dans les cas désespérés, lorsque le médecin se reconnaît impuissant, on fait appel au *thay phap*, qui vient conjurer les mauvais esprits.

Dysenterie. — La dysenterie est produite par des causes multiples ; elle se montre à la suite de grandes chaleurs, ou naît des miasmes qui s'élèvent de la terre humide ; elle peut être amenée par une nourriture de mauvaise qualité, trop grasse, par des excès de table, etc. La maladie née de ces différentes causes siège dans l'intestin où elle produit de violentes douleurs et les symptômes d'une purgation. En général l'effet purgatif est difficilement produit malgré les besoins incessants (ténesme). Dans certains cas on voit les matières fécales colorées en rouge, par suite de la mauvaise qualité du sang qui s'écoule au dehors; dans d'autres cas les selles sont accompagnées d'humeurs blanches qui indiquent un mauvais état de la semence.

Parfois cette affection s'accompagne de chaleur ou de froid intérieur, la couleur rouge des selles indique la chaleur, la couleur blanche le froid, d'où des indications pour le traitement; la dysenterie n'est pas très fréquente et est rarement grave. Il est exceptionnel de voir les formes hémorrhagiques ou gangreneuses.

Le traitement consiste à donner au début des purgatifs, puis des amers et des astringents.

Voici quelques formules très employées :

		Gr.	Nature.
Racine	d'angélique..................	1,50	chaude.
—	de tribulus lanuginosus (zygophyllées).....................	1,50	froide.
—	de chelidonium majus........	1,50	froide.
—	de robinia flava.............	1,50	chaude.
Ecorce	de ptérocarpus flavus..........	1,50	froide.
—	de noix d'arec...............	1,50	chaude.
—	de rhubarbe..................	4,50	froide.
Sulfate	de soude	3	froide.
Racine	de costus....................	1,50	peu chaude.
—	de réglisse..................	3	peu chaude.

préparation suivant la méthode habituelle.

Dans le cas où il n'y a que des mucosités dans les selles, on supprime dans la formule précédente le sulfate de soude, la noix d'arec, et on ajoute de l'écorce d'oranges amères et du pachyma, diurétique très vanté.

Dans les cas graves avec fièvre et douleurs très violentes, on donne la potion suivante :

Racine de dimorphantus edulis...	11 gr.	
— de galium tuberosum	11	
— de pivoine..............	3	50
— de justicia.............	1	50
— de costus..............	1	50
Noix d'arec..................	1	50

Lèpre. — La lèpre est héréditaire, contagieuse, surtout par les rapprochements sexuels ! elle est fréquente chez les gens pauvres, mal nourris, logés dans des endroits humides. Cette maladie est en général de très longue durée; elle débute par des maux de tête, puis la peau se couvre surtout au visage de taches jaunes saillantes, souvent douloureuses, parfois insensibles, des ulcérations apparaissent à la place de ces plaques et rongent peu à peu la peau et les os et le malade finit par succomber dans l'épuisement le plus complet.

Le remède le plus vanté est à base de Hoang nan (strychnos gautheriana, loganiacées); il est ainsi composé :

Réalgar pulvérisé..............	40 grammes.	
Ecorce de Hoang nan n'ayant pas plus d'un an de récolte......	40	—
Alun....................	20	—

pulvériser et mêler à consistance de pâte avec de la farine de riz et de l'eau.

La dose est de 4 grammes, mêlé à du vinaigre de première qualité, condition sine qua non (1) ; elle se prend en deux fois chaque jour avant les repas. Les trois premiers jours il y a souvent du malaise, des démangeaisons, des phénomènes d'excitation ; tout cela disparaît au bout de quelques jours.

Les malades doivent prendre ce médicament jusqu'à ce qu'ils voient leurs plaies se guérir. Lorsqu'ils éprouvent après l'absorption de la chaleur dans les entrailles, il faut diminuer les doses peu à peu, et enfin quand la moindre dose produit encore un sentiment de chaleur, il faut cesser tout à fait ; on est guéri. Pour les malades d'ancienne date il leur faut prendre ce remède jusqu'à ce que la maladie ait quitté toutes ses localisations pour se concentrer en un seul point du corps. Cela se produit ordinairement sous l'un des pieds, où il se forme un gros abcès. Il faut alors ajouter à la formule précédente 8 grammes de clous de girofle. On prend de plus quelques grammes du médicament que l'on délaye dans du vinaigre et on en remplit la cavité de l'abcès. Pendant les six ou sept premiers mois du traitement, on doit s'abstenir rigoureusement du coït, ne manger aucune viande trop forti-

______

(1) Cette dose semble bien forte et est loin de celle recommandée par le Père Lesserteur, missionnaire du Tonkin, qui a fait connaître ce médicament en Europe. Pour lui, la dose maxima était de 1 gr. 50.

fiante comme la viande de porc, de buffle, de bœuf, de canard, de poule; le poisson est également proscrit; on doit éviter de traverser à gué les rivières, les mares, les endroits boueux, marécageux, à odeurs fétides.

Le malade doit s'isoler, aller à la selle dans un endroit à lui seul réservé; tous les 3 jours laver ses habits à l'eau bouillante, précaution nécessaire pour empêcher la contagion.

Béribéri. — Cette maladie reconnaît des causes nombreuses. A la suite d'une exposition prolongée à une trop grande chaleur, ou d'un refroidissement, après un bain pris en sueur, ou d'excès de travail, de grands chagrins, le corps affaibli subit l'influence des miasmes de la terre; des douleurs se montrent dans les jambes, celles-ci enflent, le visage aussi, le malade respire difficilement, il y a une chaleur continuelle dans les poumons, le pouls profond et faible. Les reins sont chauds et en mauvais état (la force de l'homme réside dans le bon état de ces organes), la mauvaise qualité du sang produite par les miasmes de la terre jointe à l'influence du froid étouffe ces organes, les urines sont rares, nulles ou rouges et même noires (1). Il y a quelquefois de la diarrhée; le béribéri est une maladie de misère, il n'atteint que les classes pauvres et sévit surtout sur les prisonniers.

Celui qui n'est pas rapidement guéri devient paralytique.

(1) Les médecins annamites confondent le béribéri avec la néphrite aiguë *a frigore*.

Le traitement consiste à faire prendre la potion suivante :

Procris sinensis, ...	1 gr.	50
Simarouba (bois)	0	75
Arum triphyllum	0	75
Racine d'angélique	1	50
Pachyma cocos.........	1	50
Ecorce de cannelle.....	0	50
Bois de réglisse........	0	75
Ecorce d'oranges amères	1	50

(plus 4 ou 5 autres médicaments dont je n'ai pu déterminer la nature). — Cette potion est répétée plusieurs jours de suite.

On se sert aussi d'une infusion de racines de sterculia fœtida et de racines d'ananas.

FIÈVRES PALUDÉENNES très fréquentes, produites par l'absorption de l'eau provenant des forêts, ou des brouillards qui se dégagent la nuit des forêts et des marais. La fièvre est généralement continue au début, puis elle devient intermittente, quotidienne, tierce, quarte; la cachexie est fréquente, elle est caractérisée par l'épaississement de la peau du ventre.

Dans la fièvre des bois survenant chez les gens séjournant dans les forêts et couchant sur la terre humide, il y a une fois sur huit production sur tout le corps d'une éruption de boutons gros comme un grain de riz qui suppurent au bout de 5 ou 7 jours; la fièvre paludéenne grave se complique souvent de diarrhée et de dysenterie, à leur suite apparaît la cachexie; les accès pernicieux n'existeraient pas (1) ? La mort n'arriverait qu'à la suite de la cachexie, après deux ou plusieurs mois.

Dans le traitement on se sert souvent du sulfure d'arsenic et de la noix vomique, du dichroa, etc. Voici la formule la plus employée :

Grande chélidoine.....	7 gr.	50
Colchicum variegatum .	7	50
Ginseng...............	5	
Cardamome...........	11	
Thuya................	11	
Ail..................	14	
Ecailles de pangolin....	7	50
Réalgar	0	40

Faire bouillir selon la mode habituelle, ajouter le réalgar quand l'infusion est refroidie ; prendre en deux jours.

SYPHILIS. — La syphilis a été importée par les Chinois ! elle est très fréquente (souvent méconnue); toutes les femmes publiques sont rapidement infectées, la maladie est éminemment contagieuse. Il y a plusieurs variétés : chancre dur, chancre rongeant, certaines uré-

(1) Les Annamites considèrent les accès pernicieux algides comme des cas sporadiques de choléra, opinion que nous partageons et qui est admise aussi par plusieurs médecins ayant pratiqué dans ces pays, entre autres par le Dr Deschamps, médecin de 1re classe de la marine. Opinion que les recherches microbiologiques viendront probablement bientôt corroborer.

thrites, bubons, plaques dans la gorge, condylômes à l'anus, etc., reconnaissant la même cause et passibles du même traitement (1). La syphilis est peu grave et *doit se guérir en 8 jours* ! si elle est bien traitée. Il peut revenir des accidents au bout d'un temps plus ou moins long; on doit recommencer le traitement pendant 8 ou 10 jours.

Tandis qu'en Chine les traitements de la syphilis sont innombrables, en Annam il n'y a guère qu'une formule ou deux qui seraient usitées, voici comment se fait ce traitement :

Mettre dans une marmite neuve contenant un morceau de plomb : mercure 3 gr. 75, alun 18 gr. 75, nitrate de potasse 37 gr.; on couvre la marmite d'une assiette neuve, on lute hermétiquement avec un mélange de terre et de cendre. Cuire à petit feu jusqu'à ce que le contenu ne bouillonne plus, puis le cuire à grand feu pendant la durée de l'embrasement de 3 petites baguettes d'encens (environ 1 h. 1/2), sortir la marmite du feu et attendre qu'elle soit froide pour enlever l'assiette et recueillir le dépôt qui se forme dans

(1) Les accidents secondaires sont bien connus et rapportés à leur vraie cause. Quant aux accidents tertiaires, ils sont le plus souvent méconnus et attribués soit à la lèpre, soit à certaines maladies de la peau ; il n'y a souvent que demi mal parce qu'on emploie généralement le mercure dans ces maladies. Du reste les accidents tertiaires graves sont assez rares : il semble qu'en Annam comme en Chine, le virus syphilitique ait subi une véritable atténuation ; il ne reprend sa force que lorsqu'il est greffé sur des terrains européens.

son fond. Pulvériser, camphre 0, gr. 40 et cinabre 1 gr. 90 et mélanger avec ce résidu, puis en faire, avec du riz visqueux comme excipient, des pilules de la grosseur d'un haricot ; donner chaque jour au malade trois pilules enveloppées dans du papier à cigarettes et introduites dans une banane que l'on doit avaler sans mâcher, de façon que les pilules ne touchent pas les dents; la maladie se guérit le septième jour. Outre cela on doit faire une décoction des remèdes suivants que l'on prend surtout si le mercure attaque les dents.

Smilax china (squine).	15 gr.	
Coix lacrymalis........	11	
Dictame blanc.........	11	
Clematis vitalba.......	7	
Cydonia...............	7	
Scories de fer.........	4	50

TUBERCULOSE PULMONAIRE (confondue avec la bronchite chronique, la dilatation des bronches, les vomiques, porte le nom d'abcès du poumon). — Cette affection assez fréquente est héréditaire ; aussi pour préserver les enfants, doit-on, lorsque l'on enterre les parents morts de cette maladie, recouvrir leur figure avec une jarre. Pour le peuple, la maladie est produite par un ver qui est logé dans le poumon et le ronge.

Le traitement consiste en potions dans lesquelles on introduit toujours à diverses doses de l'uvularia grandiflora, de la livêche, du lycium chinense, du sisymbium atrovirens, plusieurs sortes de dioscorées. Un traitement bizarre consiste à faire cuire dans de l'urine d'enfant un poisson dans le ventre duquel on a introduit quelques grammes d'uvularia grandiflora, et de le faire manger au malade.

VARIOLE. — La variole est d'une excessive fréquence en Annam et elle y fait des ravages épouvantables. Au dire de l'ex-régent Tuong, elle enlèverait environ le 1/3 des enfants, aussi la vaccine est-elle acceptée avec enthousiasme et peut-on espérer voir rapidement disparaître ce fléau, comme cela est arrivé en Cochinchine. Jusqu'ici les épidémies apparaissaient régulièrement tous les 4 ou 5 ans. Les inoculations de la variole peu grave ne se pratiquent pas comme en Chine.

Etant donnée la gravité de cette affection, on ne doit pas être étonné de voir tout le monde admettre l'intervention des mauvais esprits dans sa production. Ils n'interviendraient toutefois que dans les cas graves, malheureusement trop fréquents. Dès que la maladie paraît évoluer irrégulièrement et que quelques signes d'un pronostic fâcheux ont apparu, le médecin abandonne son malade et le livre aux sorciers, tant pour se soustraire à la responsabilité que parce qu'il craint qu'en cas de succès les mauvais esprits ne se vengent sur lui ou ses enfants. On prétend en effet que les enfants des médecins qui ont guéri des varioleux succombent à la petite vérole et que ceux des sorciers sont toujours chétifs. Il existe un proverbe annamite ainsi conçu : « Si l'on guérit la petite vérole, elle se

venge; si l'on guérit l'asthme ou la tuberculose d'au-
trui il passe au guérisseur (1). »

Pour ne pas déplaire aux esprits on désigne la variole par les mots « éruption de fleurs » les pustules
par le mot « grand-père (2). »

Les varioleux doivent être isolés et leurs vêtements
brûlés.

Au sujet de la variole, les médecins annamites se
sont départis un peu de leur paresse habituelle et ont
écrit quelques ouvrages sur cette maladie. L'énumération
des signes tirés de l'examen extérieur servant au pronostic et de nombreuses formules forment le fond de
ces écrits. Pour donner une idée de leur littérature, je
citerai quelques passages de la traduction d'un opus-
cule dû au pinceau d'un médecin célèbre de Huê :

« Puisque tous les hommes passent leur vie en res-
tant exposés aux modifications que peuvent lui im-
primer les cinq éléments ainsi qu'à l'air pur ou l'air
impur (par air pur ou impur on doit entendre le sang
et les esprits vitaux, ou le froid et le chaud ou encore
l'extérieur et l'intérieur), il est à peu près forcé qu'ils
soient toujours en puissance d'affection plus ou moins
nuisibles. L'homme qui engendre ainsi infecté transmet
par sa semence son mal à ses enfants, ce mal ou ce
virus reste latent jusqu'à ce que sous l'influence d'une
trop haute température ou d'une perturbation atmos-
phérique il sorte au dehors comme la graine d'un haricot; de cette comparaison vient le nom de la maladie

(1 et 2) Landes, loc. cit.

« Binh dâu chan, maladie avec des pustules comme des haricots. » La variole se distingue des autres affections caractérisées par des ulcérations et des pustules, en ce qu'elle est transmissible d'homme à homme et avec une gravité variant suivant chaque individu.

Si le malade sent comme prodrome de la variole une chaleur modérée et arrivant lentement, il ne doit pas se troubler et employer des médicaments puissants pour chasser la fièvre, comme de la racine de *pachyrrizus angulatus* ; il suffit qu'il se protège des refroidissements et qu'il fuie les choses impures, comme une femme enceinte...

Le premier endroit où l'on observe les signes de la variole est la commissure des lèvres; le 2ᵉ les pommettes; le 3ᵉ les tempes. Quand les pustules s'étendent à tous ces points et au front le pronostic devient fâcheux.

Si les pustules se montrent confluentes à la racine du nez, elles annoncent qu'il y aura danger, quand même les pustules seraient rares sur le reste du corps; au contraire, rares en ce point et confluentes sur le reste du corps, le pronostic est favorable...

La lèvre inférieure et le menton répondent aux reins. Des pustules noires observées en ces points indiquent qu'il y a des lésions semblables dans les reins ou dans la vessie. Les mêmes pustules noires sur la lèvre supérieure indiquent que la maladie est dans la poitrine...

Enfin partout où des pustules très grosses ou de forme insolite apparaîtront, il y aura danger; aussi devra-t-on chasser le mal le plus tôt possible en ouvrant les pustules avec une aiguille et exprimant leur contenu, puis on lavera avec une décoction de jalap et de calaminaris.

Les signes de la variole apparaissant au front sur la partie médiane et les parties latérales indiquent un grand danger, sous la lèvre inférieure danger sérieux, sur les pommettes et un peu en dehors de l'angle externe de l'œil ils annoncent une issue fatale. Placés au contraire un peu au-dessous de ces deux points, ils annoncent une terminaison heureuse.

L'éruption amène la chaleur ou le feu, une chaleur modérée lui convient et la rend parfaite; de là la nécessité de diriger le traitement de façon à ce qu'il règne dans le corps une douce chaleur. Si le malade souffre d'une chaleur immodérée et brûle pour ainsi dire, il faut user de médicaments propres à chasser cette chaleur.

Si le malade tremble et a des convulsions, on donne une potion avec du *cinabre*, de la racine de *costus* et de *plantago loureiri*; cette potion augmente la force des esprits vitaux du sang ou bien la chaleur ou le froid qui se trouvent dans le corps du malade; on doit juger de son opportunité d'après le tempérament du patient.

S'il y a fièvre et constipation, on doit donner une potion avec *rhubarbe*, *grande chélidoine*, *petite bardane*, *angélique*; s'il y a refroidissement, il faut faire boire immédiatement une potion contenant de l'écorce de *cannelle*, du *ginseng*, du *gingembre*, du *janiphá loflingü*, du *pupalia prostata*, du *robina flavia*, du bois de *réglisse*.

S'il y a des coliques dans le bas-ventre, la maladie a fait irruption dans les reins (on donne dans ce cas une potion tonique et diurétique), puis on ouvre une poule en deux et on la place toute palpitante sur le ventre du malade.....

Lorsque le foie est sain et que l'estomac au contraire est débile, les pustules sont gonflées d'eau. Dans ce cas il faut faire sortir l'eau avec la pointe d'une aiguille d'argent, puis on saupoudre avec de la poudre de vieille brique.

Quelquefois les pustules sont remplies de sang noir, il faut les ouvrir avec une aiguille. Cette complication provient de l'abondance du sang chaud et du manque d'eau. Il faut alors prendre du sang provenant du cœur d'un porc, ou avaler la gelée faite en cuisant la queue d'un porc.....

Si au début de l'éruption, une femme a ses règles les boutons ne peuvent paraître et se gonfler, parce que la chaleur du corps est rejetée avec le sang ; on devra donner une potion avec angélique, écorce de frêne, pterocarpus flavus, pour arrêter le flux menstruel ; ou bien on fera boire des cendres de cheveux tombés de la tête délayées dans du vin.

Conclusion : Toutes ces notes, réunies pour guider et instruire ceux qui ne sont pas experts dans le traitement de la variole, qu'ils vivent au milieu des monta-tagnes ou sur les rivages de la mer, ont été tirées des anciens ouvrages. Que tous les travailleurs étudient cela avec soin. »

IX

ACCOUCHEMENTS. — CHIRURGIE. — HYGIÈNE.

La pratique des accouchements en Annam est assez
intéressante à connaître, à cause des coutumes bizarres qui s'y rapportent, coutumes dont quelques-
unes ont déjà été décrites par le Dr Corre (la mère
et l'enfant dans les races humaines) et M. Landes
(loc. cit.). L'intervention du médecin est, il est vrai,
assez rare; il n'apparaît guère que dans les accouchements difficiles ou dans les accidents consécutifs,
laissant aux matrones tous les cas simples.

Les prescriptions médicales concernant les femmes
enceintes ne manquent pas; c'est ainsi que, pour pouvoir
arriver à terme, une femme grosse doit éviter toutes
les émotions morales vives; elle ne doit pas, par exemple, assister à une exécution capitale, elle ne se livrera
à aucun excès, ne mangera pas de lièvre de peur que
son enfant ne soit affecté d'un bec-de-lièvre, ni de
canard ou de pigeon, ce qui pourrait rendre son enfant
sourd et muet. Elle évitera à tout prix de rester près
des endroits que l'on défriche ou bien où l'on creuse la
terre, de crainte d'avortement (prescription fort sage
dans un pays ou le paludisme est si fréquent). Le
terme de la grossesse approchant, la femme doit s'ef-
forcer d'obtenir la protection des ancêtres, des trois

déesses de l'accouchement, des trois fondateurs des re-
ligions et d'un génie spécial.

Une femme enceinte ne doit rien recevoir d'une
femme qui a déjà eu une ou plusieurs fausses couches;
si la femme a déjà eu un avortement elle doit en crain-
dre un nouveau (la syphilis, très fréquente, est méconnue
comme cause d'avortement), aussi devra-t-elle prendre
certaines précautions, apaiser les esprits des enfants
mort-nés, qui sont les mauvais génies des femmes enceintes; pour cela elle fera pratiquer une scène d'exorcisme par un sorcier.

Si l'on veut connaître le sexe d'un enfant avant sa
naissance, on a le choix entre plusieurs procédés excellents ! Le plus simple consiste à appeler la femme lorsqu'elle est couchée : si elle se tourne à gauche, elle
accouchera d'un garçon; si c'est à droite, se sera d'une
fille; ou bien on tâte le pouls : si celui du bras gauche
est plus rapide que le droit, elle aura un garçon; dans
le cas inverse, une fille. Autre procédé : on sacrifie
une poule ou un coq et on suspend les pattes de la vic-
time à deux baguettes de bambou que l'on fixe sur le
toit de la cave; d'après certains pronostics on détermine le sexe de l'enfant (1).

Dès l'apparition des premières douleurs, la femme
doit être mise dans une chambre à part, dont l'entrée
est interdite aux femmes qui ont eu des couches difficiles
ou des accidents, tels qu'hémorrhagies, avortement.

Si la femme a déjà accouché d'un enfant mort, pour
éviter ce malheur, on enterrera sous le lit de la parturiente

(1) Landes, loc. cit.

le cadavre d'un jeune chien coupé en trois morceaux.

Pendant toute la durée de l'accouchement et quelque temps après on entretient un feu ardent sous le lit de la patiente.

Le rôle de la sage-femme consiste à retenir l'enfant pour s'opposer à sa sortie trop rapide, d'empêcher la femme de se remuer, de se coucher sur le ventre. Lorsque la tête est sortie, elle extrait l'enfant et coupe le cordon. Elle s'entoure le doigt d'un petit chiffon rouge, nettoie la bouche de l'enfant, lui lave la figure et lui fait couler quelques gouttes d'eau dans la bouche en prononçant une sorte d'incantation aux esprits, chose reconnue indispensable, puis le corps de l'enfant est frotté avec de l'huile et nettoyé. Dans le peuple, on se garde bien de toucher à l'enduit sébacé qui doit rester en place au moins huit jours. Lorsque toute crainte de refroidissement est écartée, on se décide seulement à l'enlever. Après la toilette du nouveau-né, l'accoucheuse procède à la délivrance, retire les caillots de sang du vagin, puis, montant sur le lit de la parturiente, elle provoque la rétraction de l'utérus en le massant avec ses pieds à travers la paroi abdominale (1). On fait avaler ensuite à la nouvelle accouchée un verre d'urine d'enfant, on lui fait quelques fumigations et enfin on lui bassine le ventre deux fois par jour. Les trois premiers jours elle doit rester presque à la diète, ne pas descendre de son lit, ne se livrer à aucun travail, ne pas échanger de paroles aigres avec ses voi-

(1) On voit que les Annamites pourraient réclamer la priorité pour le procédé d'expression utérine de Crédé.

sines! Elle prend ensuite pendant trois semaines des aliments peu aqueux et très salés.

L'accouchée doit rèster trente jours dans une chambre séparée; au bout de ce temps ou brûle les effets qui lui ont servi (les pauvres ne sont naturellement pas aussi scrupuleux); à sa première sortie, pour la préserver de l'influence nocive de l'air, on la badigeonne du haut en bas avec du curcuma.

On doit s'abstenir de prononcer dans la maison les noms des maladies qui peuvent atteindre les jeunes enfants.

Si l'accouchement présente quelque difficulté, on appelle le médecin, qui, en Annam, se contente le plus souvent de rester spectateur de la nature et d'établir simplement le pronostic de la terminaison pour la mère et l'enfant; pour cela, il fait appel à des signes assez bizarres. Ainsi, lorsque la face de la mère est rouge et la langue verte, cela indique que l'enfant est mort; si la face est verte et la langue rouge, l'enfant est vivant et la mère mourra; si la face et la langue sont vertes, la mère et l'enfant succomberont.

C'est à peine si le médecin donne quelques potions; il est persuadé que l'enfant sort par sa propre volonté, on ne doit donc jamais l'extraire de force, il faut attendre qu'il se décide à sortir seul; aussi, lorsque l'accouchement est très long et que la femme s'épuise en vains efforts, doit-on lui donner seulement une potion calmante, afin de lui permettre de se reposer. Quand, au contraire, la femme est faible, on remonte ses forces avec une potion tonique (cannelle, angélique, etc.)

S'il y a hémorrhagie, on ajoute à la potion précédente quelques astringents.

Dans les présentations de l'épaule avec procidence d'un bras, le médecin se contente de repousser le bras dans le vagin; il ne fait pas, comme en Chine, la version céphalique ou podalique, ni l'embryotomie. Quand la délivrance ne s'opère pas, on attache un poids de trois ou quatre kilogrammes au cordon ombilical, pendant entre les cuisses de la femme et on attend que le placenta se détache de lui-même, ce qui arrive quelquefois seulement au bout de deux ou trois jours.

Comme on le voit, l'intervention du médecin est bien restreinte et bien inutile; aussi, en désespoir de cause, fait-on appel au sorcier qui vient pratiquer ses cérémonies près de la parturiente, supplie l'enfant de vouloir bien sortir, fait force exorcismes et, finalement, comme la nature est bonne mère, réussit souvent.

Quant à la *chirurgie*, elle ne compte pas en Annam, elle est lettre morte. Les plaies sont traitées par l'application de cataplasmes de feuilles d'herbes diverses, sous lesquels elles se cicatrisent plus ou moins lentement.

Les membres fracturés sont quelquefois maintenus par des attelles jusqu'à consolidation. Les luxations sont parfois réduites, le plus souvent méconnues; on les soumet fréquemment à des massages répétés à des mouvements intempestifs.

Les abcès sont quelquefois ouverts avec des aiguilles, jamais au bistouri,

Aucune opération sanglante ne se pratique.

L'acupuncture est fort peu utilisée; les médecins

annamites, peu experts, lui reconnaissent trop de dangers.

L'*hygiène* est dans l'enfance, les notions les plus élémentaires sont souvent méconnues.

Contre les maladies épidémiques, choléra, variole, etc., l'État, seul capable d'une action générale, ne montre aucun souci et ne prend aucune mesure préventive.

Cependant, dans les maisons où il y a eu des malades et surtout après la mort, on fait des fumigations avec diverses herbes, surtout avec de la bruyère ; on brûle les vêtements ou on les lave à grande eau. On redoute beaucoup le voisinage d'un cadavre ou des moribonds ; on enlève de l'appartement tout ce qui sert à l'alimentation, même le tabac, les semences, etc. ; si on ne peut les enlever, on plante une broche de fer au milieu, ce qui conjure toute mauvaise influence !

Souvent les personnes qui ont touché les malades se purifient par des lavages avec de l'eau chaude dans laquelle on a fait infuser des plantes aromatiques.

Les malades atteints de variole, de choléra, sont généralement isolés ; toutefois, dans les cas de choléra, on ne prend aucune précaution pour lesselles.

On observe quelques règles d'hygiène alimentaire plus ou moins justes.

Dans les maladies, la diète absolue est prohibée ; il faut manger quand même, d'après ce principe que pour résister au mal il faut des forces, que l'on ne peut avoir sans nourriture. Le degré d'aggravation ou d'amélioration de la maladie se mesure souvent par la quantité de nourriture que le malade peut absorber. Ce système de suralimentation appliqué à la fièvre typhoïde, au choléra, à la dysentérie, produit naturellement des effets déplorables.

Quoique accordant beaucoup au malade, ils sont assez difficiles sur le choix des aliments. Le riz très vieux est recommandé, les gens aisés en conservent vingt et trente ans pour s'en servir dans le cas de maladie.

Les viandes ne sont guère permises. La couleur du poil de la bête est à considérer : par exemple, dans certains cas, on ordonnera de la viande de chien noir ou de chien blanc.

Les fruits sont, en général, défendus.

La boisson habituelle est le thé annamite qui se prend en infusion chaude ; c'est la boisson préférée des malades. L'eau-de-vie de riz, dont quelques Annamites abusent, est défendue aux malades, sauf dans quelques cas où on la fait entrer dans les potions.

Les Annamites s'occupent beaucoup de leur santé, lorsque leur position sociale le leur permet ; la moindre indisposition les fait alors courir chez le médecin et prendre une foule de précautions assujettissantes pour éviter l'absorption des miasmes de la terre, l'influence des vents pernicieux, des mauvais esprits, etc.

Nous ne savons s'il existe un peuple qui se drogue davantage. Il n'est point rare de trouver des malades plus ou moins imaginaires, qui chaque jour penseraient trépasser, s'ils n'absorbaient une potion ou quantité de pilules. On en voit parfois avaler simultanément avec une constance remarquable les drogues de différents médecins.

Mangin.

L'hygiène générale et l'hygiène de l'homme sain contiennent en général des pratiques aussi peu rationnelles que celles de l'homme malade.

Les maisons sont peu aérées, obscures, souvent humides, les ouvertures sont parcimonieusement distribuées. La nuit tout est hermétiquement fermé; les habitants s'entassent, hommes, femmes, enfants, sur de mauvais lits de camp dans la promiscuité la plus complète, choisissant toujours le coin le moins aéré de leur case; bien plus, pour dormir, ils s'enveloppent la tête dans une couverture ou une natte. On se demande véritablement comment ils peuvent respirer.

Les vêtements sont excessivement simples, pantalon et chemise de toile ou de soie qu'ils doublent, triplent, quintuplent suivant la température; les gens aisés, seuls, portent des vêtements de drap. Les Annamites sont assez sensibles au froid, par des températures de $+ 12°$, $15°$ on les voit grelotter ; malgré cela ils sont peu sujets aux affections de poitrine, bronchites, pneumonies, pleurésies, etc. Chez eux la partie la plus sensible au froid est l'oreille ; pour eux, un bon mouchoir enveloppant les oreilles vaut un manteau. Ils craignent beaucoup la pluie, qui, disent-ils, donne souvent la fièvre; ils s'en garantissent au moyen de manteaux en feuilles. Ils redoutent les vapeurs qui se dégagent de la terre dans les journées chaudes après la pluie et principalement celles qui s'élèvent des cimetières, causes également de fièvres.

Ils prennent quelques précautions contre le soleil et, lorsqu'il est ardent, ne sortent jamais sans un vaste chapeau ; les insolations sont excessivement rares.

La propreté est à peu près nulle. L'été les populations voisines des cours d'eau, se baignent assez volontiers et se lavent le corps, mais cela est plutôt pour le plaisir de se rafraîchir que par amour de la propreté; car à défaut de cours d'eau ou pendant les jours froids, tout lavage est abandonné. Dans les classes élevées, chez les grands mandarins, même mépris de ces soins hygiéniques. Bien souvent nous en avons vu venir rendre visite, en grande cérémonie, au Résident général, portant sur toute leur personne les traces d'un manque absolu de soins de propreté.

Les bains doivent être pris immédiatement après les repas; en se baignant à jeun, on s'exposerait à absorber les miasmes répandus dans l'eau. Comme l'Annamite ne se baigne que lorsque l'eau est au-dessus de 20°, on ne cite pas d'accidents à la suite de cette pratique bizarre. Les habits sont lavés quelquefois mais sommairement, sans savon, bien souvent ils sont portés nuit et jour jusqu'à usure complète.

Ce défaut de soins de propreté prédispose naturellement aux affections cutanées, que l'on n'est pas étonné de voir très fréquentes, principalement les affetions contagieuses, gale, phthiriase, herpès circiné, impetigo contagiosa, ulcère de Cochinchine. A cette cause doivent être rattachées certaines affections oculaires assez fréquentes : conjonctivites, blépharites, ptérygions, ulcères infectieux de la cornée.

La base de l'alimentation est le riz et le poisson; la viande entre rarement en ligne de compte, les gens aisés peuvent seuls s'en procurer; les plus fréquemment utilisées sont celles de porc, de bœuf, de buffle, de canard, de chien. Nous n'avons jamais entendu citer de cas de ladrerie ou de trichinose ; en revanche, le tænia inerme provenant du bœuf est excessivement fréquent.

La boisson nationale est le thé, thé d'Annam ou de Chine, qui se boit chaud et sans sucre après le repas. Pendant le repas on n'absorbe aucun liquide. Le peuple est obligé de se contenter souvent, par misère, d'eau plus ou moins impure, et c'est là la grande cause des épidémies qui la déciment.

L'eau-de-vie de riz est assez employée ; malgré cela l'alcoolisme est fort rare et ne se rencontre que dans les classes aisées.

L'usage de l'opium fumé est moins répandu qu'en Chine, rarement il est poussé jusqu'à l'abus. Vu la cherté de ce produit, le peuple ne se livre jamais à cette passion. En revanche l'usage du tabac est très répandu, tout le monde fume la cigarette, hommes, femmes, enfants. Tout le monde également, sauf de rares exceptions, chique le bétel. Malgré cet abus d'irritants buccaux les affections épithéliomateuses de la langue et des lèvres sont excessivement rares.

L'arthritisme est a peu près inconnu dans la plupart de ses manifestations. Le rhumatisme articulaire est relativement rare ainsi que les affections cardiaques ; il en est de même des lithiases biliaire et rénale, du diabète ; nous n'avons pas entendu citer un cas de goutte ; l'obésité est peu fréquente, elle ne se rencontre que chez quelques mandarins à vie sédentaire ; cette rareté se comprend dans un pays où les plaisirs de la table sont peu appréciés et où les riches mêmes ne s'adonnent pas à la bonne chère.

Quant au peuple, on comprend qu'avec son régime presque exclusivement végétal, malheureusement trop souvent insuffisant, il ne donne pas prise à ces affections ; mais il n'en est pas de même pour les autres maladies, surtout les maladies de misère et les maladies épidémiques auxquelles il offre une proie facile par le peu de résistance de son organisme. La mortalité, heureusement compensée par une natalité très forte, est énorme, la vie moyenne est très courte ; on voit cependant un nombre assez considérable de vieillards de 60 à 70 ans, surtout dans la classe aisée.

Malgré l'absence à peu près complète de toute hygiène et l'état embryonnaire de la médecine, la population augmente chaque année ; aussi n'est-il pas douteux que d'ici peu, lorsque la pacification sera faite, lorsque nous aurons pu diminuer la misère du peuple par une administration mieux comprise, et fait disparaître les épidémies si meurtrières de variole, et peut-être même celles de choléra, ce que l'on ne doit pas regarder comme impossible, même dans ce pays où il est endémique, il n'est pas douteux, disons-nous, que l'augmentation de la population ne se fasse dans des proportions très grandes, et que notre belle colonie n'arrive rapidement à la prospérité.

TABLE DES MATIÈRES

Paris — Typ. A. PARENT, A. DAVY, succ., imp. de la Faculté de médecine
52, rue Madame et rue Corneille, 3